名家科学眼

王福康 编著

人类文明的光明使者
千奇百怪的言灯

上海科学普及出版社

图书在版编目（CIP）数据

人类文明的光明使者：千奇百怪的古灯/王福康编著.
—上海：上海科学普及出版社，2015.7
（名家科学眼）
ISBN 978-7-5427-6249-8

Ⅰ.①人… Ⅱ.①王… Ⅲ.①灯－普及读物
Ⅳ.①TM923.3-49

中国版本图书馆CIP数据核字（2014）第221553号

策　　划　　胡名正
责任编辑　　刘湘雯

名家科学眼

人类文明的光明使者

——千奇百怪的古灯

王福康　编著

上海科学普及出版社出版发行
（上海中山北路832号　邮政编码 200070）
http://www.pspsh.com

各地新华书店经销　　北京市艺辉印刷有限公司印刷
开本 787mm×1092mm　1/16　印张 8　字数 160 000
2015年7月第1版　2015年7月第1次印刷

ISBN 978-7-5427-6249-8　　　　　　定价：29.80元

前　言

"光灯吐辉，华幔长舒"（魏·嵇康杂诗）。灯是光明的使者，为人类驱走了黑夜，带来了光明，将漫漫黑夜变成"不夜天"。它对改变人类的生活习惯和生产习惯产生了非常深远的影响。在没有发明人工照明的灯具以前，人类只能遵循大自然的变化规律，"日出而作，日落而息"。不仅人的宝贵生命被白白地浪费掉，而且还由于黑夜是野兽活动的大好时光，野兽常常会袭击人类，威胁人类的生存。因此，古人恐惧黑夜，常常诅咒黑夜，发出"长夜漫漫何时旦"（春秋·宁戚《饭牛歌》）、"夜悠悠而难极"（东晋·湛方生《秋夜》）的叹息，急不可耐地盼望黎明赶快到来。

人类历史上，最早的光源是与火联系在一起的。火是第一个被人类征服的自然力。人类征服火以后，点燃一把火，就能照亮黑暗。在黑夜中，远古时代的人类围坐在篝火旁，一边烧煮食物，一边烤火取暖，同时，熊熊的火光照亮了四周。篝火启迪了原始人类用它来驱赶"难极"的黑夜，使"长夜漫漫"立时"旦"。篝火也就成了人类最早的人工照明光源。人类靠这种篝火来照明持续了很长一段时间。但是，它还不是一种专门的照明工具。后来，人类在使用火的过程中，发明了一种专门用火作为照明光源的灯具。灯具是人类掌握火以后的一项很重要的发明。有灯光的地方，就有人类文明。三千多年前，人类开始使用简单灯具承载火烛，书写文明史。从粗糙的石灯到青铜灯、陶瓷灯到电灯，灯具的历史变迁是社会经济和文化的缩影。

"光射琉璃贯水晶，玉虹垂地照天明"（宋·杨万里《正月二十四日夜朱师古少卿招饮小楼看灯》）。灯光照亮了长夜的幽黑，人类不再因黑夜而感到孤独。有了灯，人们在夜晚可以像白天一样地做事和娱乐。同时，灯光还会给人们增添欢乐的气氛，丰富人们的生活。每当喜庆节日来临时，人们总喜欢张灯结彩，增加吉庆的欢乐。南宋著名词人辛弃疾的《青玉案》，生动地描绘了南宋时的正月十五日元宵节的晚上，人们用灯彩装饰的繁华热闹的景象，词中写道：

"东风夜放花千树，更吹落，星如雨。宝马雕车香满路。风箫声动，玉壶光转，一夜鱼龙舞。蛾儿雪柳黄金缕，笑语盈盈暗香去。众里寻他千百度，蓦然回首，那人却在，灯火阑珊处。"

我国是一个文明古国，在灯具制作上有极高的成就。我国古代人民创造出许许多多造型别致、设计新颖的灯具，有像战国银首人俑铜灯那样实用性和艺术性完美结合的精品佳作；有像汉朝古拙简单，但造型把握合理、美观的陶豆灯；有像一直到今天仍然通体闪亮的"长信宫"铜灯；有像色彩瑰丽、体态优美生动的唐三彩人荷灯；有寓意"敬祝万寿"的清代硬木框大吉葫芦挑杆落地灯……这些幸存于世的古灯，有的铮铮发亮，有的却已斑斑驳驳，它们都是我国物质文明的一个组成部分，体现了古代人民的美学思想与当时的科技水平。灯具既是日用品，又是工艺美术品。

古灯由于与社会生活息息相关，与社会生产力的发展、与城市规模的发展紧密相关，与传统的哲学观念紧密相连，所以一经产生便迅速得以推广使用，在战国、秦、汉时期呈现了初步的繁荣。由于青铜器的发达，所以青铜古灯独领风骚，较早诞生的陶灯退居第二，直至东汉，陶灯才蓬勃发展起来，而玉、石、铁等古灯则凤毛麟角。从三国、两晋、南北朝开始，历经隋唐、五代、宋、辽、元、明、清，古灯进入了全面发展时期，陶、瓷、铜、锡、银、铁、木、玉、石、玻璃等古灯数量大、品种多，造型更是丰富多彩，争奇斗艳。

中国古灯照亮中华文明发展的道路，其精巧技术和艺术魅力，永远珍藏在传统文化的宝库中，供后人景仰。我们应继承历史传统，发扬古人的智慧的创造力，让中华文明之光永远辉煌。

目 录

灯从哪里来
灯的鼻祖 / 2
从食器瓦豆到灯具豆灯 / 5
"灯"字的演变 / 7
油灯与烛灯 / 8
硬灯芯与软灯芯 / 12

灯与文化
灯　节 / 14
灯　谜 / 18
灯　诗 / 22
灯　画 / 24

灯与科技
孔明灯 / 29
省油灯 / 30
走马灯 / 31

林林总总的古灯
陶　灯 / 35
青铜灯 / 39

瓷　灯 / 41

景泰蓝灯 / 44

木制灯具 / 46

石　灯 / 47

美不胜收的人俑灯

银首人俑铜灯 / 50

跽坐人俑漆绘铜灯 / 52

铜人擎双灯 / 53

人骑骆驼铜灯 / 54

"长信宫"铜灯 / 55

当户铜灯 / 56

人俑铜吊灯 / 57

羽人铜灯 / 58

人骑兽形铜灯 / 60

跪地人俑铜灯 / 61

唐三彩人荷灯 / 62

坐俑陶灯 / 63

瓷人顶灯 / 64

堆塑人物灯 / 65

吉祥喜庆的鸟形灯

朱雀铜灯 / 67

雁足铜灯 / 68

凤铜灯 / 70

鸟形陶灯 / 72

青玉海晏河清烛台 / 72

造型古怪的兽形灯

龙形灯 / 74

牛形灯 / 76

羊形灯 / 78

辟邪烛台 / 80

狮子灯和狮形烛台 / 81

熊形烛灯 / 82

兽面形烛台和兽形陶灯 / 84

异形长尾兽烛台 / 85

挺拔高大的连枝灯

十五枝连枝灯 / 87

十三枝连枝灯 / 87

十枝连枝灯 / 89

九枝连枝灯 / 90

三枝连枝灯 / 92

堆塑连枝陶灯 / 93

古朴素雅的豆灯

豆铜灯 / 95

豆陶灯 / 96

豆青瓷灯 / 97

白瓷灯 / 98

宝珠覆盆莲瓷灯 / 99

青玉灯 / 100

实用简单的三足灯

三足鼎形灯 / 102

三足陶瓷灯 / 105
三足行灯 / 105
奁形铜灯 / 108

其他形状的古灯

莲花烛台 / 110
白覆轮高足灯 / 114
卮形铜灯 / 114
耳杯形铜灯 / 115
簋形铜灯 / 116
葫芦形陶灯 / 117
褐斑青釉灯盏 / 118

灯从哪里来

我国使用灯具的历史十分悠久,但是,灯具在我国究竟起源于何时,历史学家尚难做出确切的回答。在《拾遗记》中,有一段周穆王东巡的故事:周穆王三十六年(前941)时,他东巡来到大骑谷,在春霄宫休息,召集众方士探寻长生不老的方法。这时,在空中突然出现了螭、鹄、龙、蛇等珍禽异兽。当时已近夜晚,周穆王就用长生灯给自己照明,长生灯又称"恒辉灯";还点燃了成排的璠膏烛,遍布宫中。同时,还有凤脑灯,出自冰山雪谷的冰荷灯。冰荷灯用冰荷罩在距离灯火七八尺高的地方,可以让灯光照得更远。在同一本书中,还有一处提到灯的事情:有一处叫"方丈山"(又名峦雉山)的地方,山的东面有一片龙场,方圆千里。琼瑶美玉如同石林,天空飘浮着紫色的彩云。龙场中,龙皮龙骨如同山丘一般,散放在百顷方圆之中,这正是遇上群龙蜕骨的时候,那蜕落的龙皮、龙骨如同活生生的龙卧在地上。有人还说:"龙常在龙场中搏斗,因此,龙油、龙血像水一样流淌在地面上。黑色的龙油,如果沾到草木或其他物体上,就像涂上了一层厚漆。紫色的龙油,落到地面就凝结成一块坚硬的石头,可以用它制造各种宝器。"燕昭王二年(前310),海边人驾着能在云霞中航行的小船,用雕壶盛回几斗龙油,献给燕昭王。昭王坐在通云台上,这台也叫通霞台。他命人用龙油做灯油,灯光照耀百里,烟色是紫红的,燕国人远远望到龙灯的光辉,说是吉祥之光,大家都俯身遥拜。龙油灯是用火浣布做灯芯。这里,屡屡说到灯烛与灯光。

周穆王是周朝第五代天子,周昭王的儿子,在昭王十八年(前976),周昭王"南征而不复归"后继位。

《拾遗记》是一部志怪小说集,为晋人王嘉所撰(明胡应麟认为是南朝梁萧绮所撰,托名王嘉),所记之事并不一定可信。因为从考古发掘和传世的殷商乃至周朝的遗物中,都没有发现灯、烛的实物,就是在早期的文字——甲骨文中也没有发现灯、烛之类的字样。

湖北随州文峰塔东周曾侯墓地出土的铜灯

·传　说·

周穆王与西王母的传说

坐在高台上的西王母高兴地看着火急火燎奔来的周穆王兴奋无比（汉画像石）

　　几千年来，周穆王西游时与西王母相会一直被人们传为美谈。传说，周穆王西游时，来到西王母国（一说为今新疆和田以东或塔里木盆地），西王母是一位雍容平和、能歌善舞的女王，被后人称之为"王母娘娘"。周穆王受到西王母的隆重接待，相互赠送礼品，宴饮唱和，以致"乐而忘归"。周穆王在临别前，在瑶池设宴回请西王母。之后，他又登上山顶，手植一株槐树，以示友谊，并在山顶上题写了"西王母之山"五字。最后，周穆王一行顺黑水（锡尔河）返回，途经赤乌所在的叶尔羌河（塔里木河正源，在新疆塔里木盆地西南部）上游，这里以产玉盛名。周穆王大量采购玉石，取玉版三乘（车），载玉万石，运回关中。周穆王每到一处以丝绢、铜器、贝币馈赠各部落首长，而各部落首长又以马、牛、羊和穄（俗称糜子）酒回赠。他在异国他乡的所见所闻，在《穆天子传》中皆有记载。

灯的鼻祖

　　人类在使用火的过程中，发明了用作照明的灯——火把。火把，也称"火炬"，是人类创造的真正意义上的第一盏"灯"。原始人把易燃的松脂或油脂一类东西，涂抹在捆扎成束的树枝或木片上，做成火把，点燃后，在夜间照明。在建筑物内部使用时，可以插在墙上的架子上；野外使用时，可用手执持或放置在地上。

　　我国使用火把的历史非常悠久，究竟起源于何时，学术界尚难做出确切的回答。在我国早期的文献中，就已经出现有关于火把的记载。在记述周朝礼仪的《周礼》、《仪礼》、《礼记》等古籍中，把"火把"称之为"烛"或"庭燎"。

《周礼·秋官司寇·司烜氏》云："凡邦之大事，共坟烛，庭燎。"[1]郑注："坟，大也。树于门外曰大烛，于门内曰庭燎，皆所以照众为明"，贾疏："庭燎与大烛亦一也"。"郑注"为郑玄对这段文字作的注释，郑玄（127—200），字康成，东汉末年的经学大师，专门注释儒家经典著作。"贾疏"为贾公彦对这段文字作的注释。贾公彦（生卒年不详），唐朝儒家学者、经学家，对儒家多部经典作注疏。这段话的意思是：凡王国有大事，点燃树在门外的大火把和门内的火把。在郑注和贾注中，庭燎与大烛都是用作照明的火把。

火把

《仪礼·燕礼》云："宵，则庶子执烛于阼阶上，司宫执烛于西阶上，甸人执大烛于庭，阍人为大烛于门外"[2]，意思是：夜晚，庶子在东阶上拿着火烛，司宫在西阶上拿着火烛。甸人在中庭拿着大火烛，门人在门外拿着大火烛。这里说的"火烛"都指的是"火把"。

《仪礼·士昏礼》云："主人爵弁纁裳缁袘。从者毕玄端。乘墨车，从车二乘，执烛前马"[3]，意思是新婿身着爵弁服，饰以黑色的下缘的浅绛色裙。随从皆身穿玄端。新婿乘坐墨车，并有两辆随从的车子。随从手执烛（火把）在车前照明。

《礼记·曲礼》云："烛至起，食至起，上客起。烛不见跋"[4]，意思是，见到手执火炬的人来，要起立；见到端饭的人来，要起立；见到主人的贵客来，要起立。晚上聊天，不可让客人看到有许多火炬柄，否则，客人会误以为主人不欢迎客人久坐。"跋"是指火炬柄。

我们从中不难看出，在周朝礼仪中所谓的"烛"，不过是一种火把而已。没有点燃的火把通称为"燋"；用手执持的火把较小，称之为"烛"；放在地上的火把较大，叫做"燎"；竖于门外的火把，称之"大烛"；门内的火把，称为"庭燎"。

---

[1]周礼注疏[M].上海：上海古籍出版社，1990：549.

[2]仪礼注疏[M].上海：上海古籍出版社，1990：177.

[3]仪礼注疏[M].上海：上海古籍出版社，1990：42.

[4]礼记正义[M].上海：上海古籍出版社，1990：34.

敦煌壁画中举火把的人

大烛和庭燎都是大火把。

在我国最早的一部诗歌总集《诗经》中有一首专门写庭燎的诗，收在《小雅》中，名叫《庭燎》。

夜如何其？夜未央，庭燎之光。君子至止，鸾声将将。

夜如何其？夜未艾，庭燎晣晣。君子至止，鸾声哕哕。

夜如何其？夜乡晨，庭燎有辉，君子至止，言观其旂。[1]

这是一首描写周王早起将要上朝见诸侯的诗，用的是周王自述的口气。这首诗的意思是（据程俊英的《诗经译註》）：

现在夜里啥时光？长夜漫漫天未亮，是那火炬烧得旺，诸侯朝见快来到，远处车铃叮当响。

现在夜里啥时光？夜色濛濛天未明，是那火炬明晃晃，诸侯朝见快来到，车铃渐近响叮当。

现在夜里啥时光？长夜将尽天快亮，火炬渐熄烟气香，诸侯朝见快来到，只见旌旗随风扬。[2]

《诗经》产生的年代，大约在西周初期至春秋中叶，前后历时500年左右。《诗经》大体上反映了西周的社会面貌和人民的生活习俗、思想感情。诗中所说的"庭燎"就是"树之于庭，燎之于明的大烛，即大的火把"。可见，在周以前，我国还没有灯烛之类的照明工具。那时候，人们用来夜间照明的是火把。那火把又是什么样子的呢？在《周礼·秋官司寇·司烜氏》的"凡邦之大事，共坟烛庭燎"中，贾氏有注，称："……庭燎所作……以苇为中心，以布缠之，贻蜜灌之，若今蜡烛……若人所执者，用荆燋为之，执烛抱燋。"[3] 庭燎（火把）就是用松、苇、竹、麻等植物作芯子，然后在其外面用布或软的植物纤维缠绕，再浸松脂或其他的油脂而成的。这种火把可拿在手里，人走到哪里，它就照明到哪里，要比用篝火照明方便得多了。同时，

---

[1] 毛诗正义[M]. 上海：上海古籍出版社，1990：373.

[2] 程俊英. 诗经译註[M]. 上海：上海古籍出版社，1985：340.

[3] 周礼注疏[M]. 上海：上海古籍出版社，1990：549.

这种浸过松脂或其他油脂的火把，燃烧起来比篝火中燃烧的树木更持久，发出的火光也更明亮。在照明史上，火把比篝火更进了一大步，但是，火把还算不上是一种真正的照明灯具。那么，最早的灯具该是什么样子的呢？

·小知识·

儒家经典《周礼》、《仪礼》、《礼记》

《周礼》偏重政治制度，《仪礼》偏重行为规范，《礼记》则偏重对具体礼仪的解释，是中国古代礼仪制度的百科全书。

《周礼》搜集了周王朝及各诸侯国的官制及制度，记载古代设官分职的政典，并详列各官的职权。书中保存了不少西周和春秋战国时期的重要史料，如井田制、分封制以及秦汉的五刑、田制、乐舞等，还有农业、工艺、礼俗等方面的史料。

《仪礼》对春秋战国时期士大夫阶层的礼仪，如冠、昏、丧、祭、朝、聘、燕享等礼仪有详细的阐述，它反映当时的社会制度与血缘关系，对后世社会组织、文化观念有着重要影响。

《礼记》主要记述先秦的礼制、礼仪，解释《仪礼》，记录孔子和弟子等的问答，以及修身做人的准则。

从食器瓦豆到灯具豆灯

人类在追求光明的道路上，受到火把的启发，在石头上挖一个小坑，盛放一些动物油脂，然后点火，一样可以像火把燃烧发光。同样，在一只盘盏里，放一点动物油脂，放上一个小火把（灯芯），点燃后也能发光。这恐怕是人类照明史上最原始的灯具了。人们从用火把中获得的经验，将火把举得高，可以照亮更远的地方，照到更大的范围，就像俗话说："高灯下亮。"因此，将灯盏高高地支起，也可以照得更远，照亮更大的范围。这种用以支灯盏的柄柱，被称为"檠"。

现在，我们见到从战国墓中出土的灯具，它们的结构都已经很完善了，制作也很精美。如1978年6月，在河北平山县滹沱河岸的春秋战国时期的中山国古墓中，出土了银首人俑铜灯和十五连枝铜灯，它已不是原始阶段的灯具了，可以说是中国灯具中的精品。在此以前，灯具的发明和演变已经历了一个相当长的时期。因此，

人类文明的光明使者——千奇百怪的古灯

最原始的灯具——石头上挖一个坑,放一点油脂,然后点火

灯的出现应早于战国中晚期,有人认为它大约出现在春秋晚期或战国初期。

任何一件发明都不是从天而降,突然产生出来的,总是由某一件东西逐渐发展、演变而成的。灯的出现也不例外。从文字学的角度推测,灯恐怕是由一种叫瓦豆(又称陶豆)的东西演变过来的。《尔雅·释器》云:"木豆谓之豆,竹豆谓之笾,瓦豆谓之登。"[1]晋朝郭璞注《尔雅·释器》"瓦豆谓之登"云:"即膏登也",一种用油膏(固体油脂)的灯。《仪礼·公食大夫礼》云:"大羹湆不和,实于镫,宰右执镫,左执盖[2]",意思是煮肉汁,没有盐、菜拌和,放在瓦豆里。太宰右手拿着瓦豆,左手拿着盖。郑玄注:"瓦豆谓之镫。"贾疏:"瓦豆谓之镫。诗云:'于豆于登'。"毛亦云:"木曰豆,瓦曰登。"古时候,"登"与"镫"是通用的,而"镫"是灯的假借。从这里,我们可以看到"灯"字的发展,从瓦豆到"登",再到"镫",再到今天的"灯"。

瓦豆是新石器时代的一种陶制食器,其形状是上面有一个敞口钵,底下有一个喇叭形的底座。钵一般为斜壁浅腹折腰式,喇叭形的底座多为高柄喇叭形。到了商朝,瓦豆的形制发生了变化,上部的敞口钵从斜壁浅腹折腰式改变成直而深的腹壁,下部的喇叭形底座也成了带有弦纹

新石器时期(崧泽文化)灰陶彩绘豆

---

[1]尔雅注疏[M].上海:上海古籍出版社,1990:74.
[2]仪礼注疏[M].上海:上海古籍出版社,1990:302.

的高圈足。瓦豆出现于新石器时代的晚期，盛行于商周。后来不知是谁最早在瓦豆中置些油脂来点灯，随着时间的推移，这种瓦豆也就演变成照明的工具——灯了。

在战国的墓葬中，就已有一种陶质细把豆，它最早的形制是浅盘、平坦底，而后逐渐演变成一种盘底中央呈乳状突起，可以插灯芯的瓦豆。瓦豆的这种变化可能就反映出它从食器到点火照明的灯具的演化方向。因此，在我国灯的发展史上，最早出现的灯具恐怕就是这种豆形陶灯了。陶豆灯一般上有灯盘，中有柱（校），下有底座（柎）。

豆灯的流传很久远，在近代的农村中广泛使用的一种油盏灯（高足），其形制与瓦豆没有什么两样，只不过用的材料不同罢了。可以说它是最古老的灯具瓦豆的子孙。

原始的陶豆灯

"灯"字的演变

灯虽然在春秋战国时期就已经诞生了，但它的名称——"灯"字的出现要比它的实物出现要晚得多。灯字不仅在商周文献中没有，就是到了战国，灯虽已经在广泛地使用了，但在中国的汉字中仍然不见有这个"灯"字，灯也不是用这个"灯"字来称呼它，而是把它叫作"镫"。《九歌·招魂》中有："兰膏明烛，华镫错些"[1]，意思是泽兰炼制的油制成的明烛，装饰华丽的烛台错落有致。在周朝，镫与登是通用的。上面我们已经介绍过：登就是瓦豆。开始时，人们把灯称之为"镫"，也不是不无道理的。这正是反映了灯的演变和发展的过程——从瓦豆演变成灯。"镫"是灯的最早称呼。

但是，在河北满城的一座西汉墓中，出土了一盏三足铜拈灯，在它的灯体外侧的14字的铭文中，出现了"铜拈锭"的名字。可见，到了两汉时期，灯的称呼除了承袭战国时的叫法"镫"外，又多了一个新的名称，叫做"锭"。《说文解字》对这两字的解释是互训的（即相互解释对方的意思）："锭，镫也"；"镫，锭也"[2]。在徐铉作的注中，称："锭中置烛，故谓之镫"，但此说并不正确。因为在汉墓出土的灯具自铭中恰恰与此相反，如自铭"当户锭"、"铜锭"、"槃锭"、"卮锭"

---

[1] 屈原,等.中国历代诗歌选[M].上海：人民文学出版社,1964：81.

[2] 许慎.说文解字注[M].上海：上海古籍出版社,1988：705.

有"铜拈锭"铭文的西汉三足铜拈灯

等铜灯，在灯盏的中心都有烛钎，但并未自铭"镫"；而在灯盏中没有置烛钎的拈灯却自铭为"拈镫"。徐铉对"镫"与"锭"的注释不足取。另外一种意见认为，"锭"与"镫"的区别是在于灯有无足，有足的灯曰锭，无足的灯曰镫。这一说法也与实际情况不相符。在汉朝，灯有足，自铭"镫"的也不是没有，如有三足的行灯，多数自铭"镫"，少数自铭"锭"。而无足的卮灯，却自铭"锭"。可见，用有无烛钎、有无灯足区分"镫"与"锭"，只是解释者的主观推想，也可能受条件的限制，未能看到大量的实物资料所致。

灯字的出现较晚，在南朝梁陈之间，出现了"灯"字，与灯出现的时期战国已相隔千年左右。《玉篇》对灯字的解释是："灯，灯火也。"[1] 这已是现代意义上灯的概念。而在对"镫"与"锭"的解释中只是引用《说文解字》中的旧说，并没有赋予灯火的意思。这表明在南北朝时期，照明用的灯已不再称"镫"或"锭"，而是用与现代称呼相一致的"灯"了。繁体字的"灯"（燈）与"镫"虽只是一个偏旁的差别，但也反映出灯的演变历史。它的偏旁从金字旁改为火字旁，这反映出灯所用的材质发生了变化。战国秦汉时期的灯具主要是用青铜制作的，而到了南北朝由于青瓷的兴起，青瓷灯具逐渐代替了青铜灯具。青瓷是用火烧制的，因此灯字改从"火"字偏旁是十分妥当的。

油灯与烛灯

火焰光源的灯具，根据灯的燃料的不同又有油灯、烛灯、煤油灯、煤气灯等，但在古代只有油灯和烛灯两种，煤油灯和煤气灯是近代工业化以后才出现的灯具。那么，是燃油的灯具出现的早，还是燃烛的灯具出现的早呢？

虽然，"烛"字在我国的古文字中出现的很早，正像上面已经说过的那样，最初，"烛"是指火把，大烛就是大的火把。后来"烛"又指油灯的灯炷。在《淮南子·说

---

[1] 康熙字典[M].上海：上海古籍出版社，1996：676.

林训》中有："麋烛捔，膏烛泽。"[1]麋即蕡，《周礼·司烜氏》郑注："蕡烛，麻烛也。"它就是将麻蕡（剥去麻皮的麻杆）缚成束点燃照明。膏烛就是包括灯在内的整体。膏烛的灯炷也是用麻蕡做的，只不过比麻烛束小一些罢了。所以，在早期的文献中，提到的"烛"字，只是把它看作灯的一个组成部分，而不是后来意义上可以自身点燃照明的烛。这可以从一幅汉画像石上一个持灯的侍女中清楚地看到，直立在灯盘中的灯火，就是将用麻蕡作的灯炷支在灯盘的支钉上，靠融熔灯蟠中的膏烛，点燃后发光来照明的。"火之随脂，烛多少，长短为迟速。"

"火之随脂，烛多少，长短为迟速"，就是说，烛的粗细和长短决定灯炷的燃烧速度，消耗灯油（脂）的快慢。因此，在最早的灯具中用的是油（或脂），也就是我们所说的油灯。这一点已被河北满城汉墓中出土的灯具所证实。从一盏卮灯中取出的残留物，经分析是类似于牛油的动物脂。看来当时是用动物油来点灯的。动物油脂除了牛油以外，还有羊油、蜂蜡等。

在灯具中使用植物油，时间上要比使用动物油晚。但在我国早期的农书《齐民要术》上，已有用植物油来点灯的记载。《齐民要术》成书于北

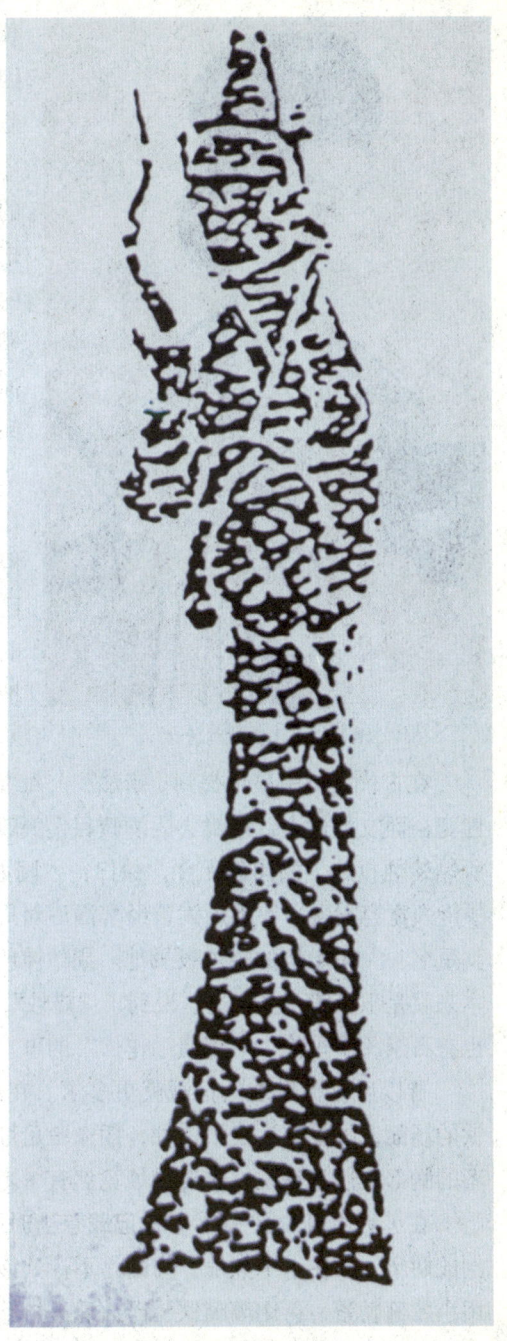

汉画像石上持灯的侍女

[1] 二十二子·淮南子[M].上海：上海古籍出版社，1986：1287.

唐墓壁画上的持烛侍女

魏（533—544），离东汉不过三四百年。因此，在汉时的灯具中有用植物油的说法是可信的。

那么，蜡烛在我国是什么时候出现的呢？这里所说的蜡烛是现代意义上的蜡烛，就是用蜡或其他的油脂做成细长的圆柱形，中间有一根灯芯，可直接点燃用作照明的，而不是将它融化后作为油膏使用的。对于蜡烛在我国出现的时间尚有很大的争议。尽管，在秦汉的一些著作中已经出现蜜蜡、蜂蜡的记载，在西汉，已经有用蜂蜜制成蜜烛的记载，但是，在过去人们不相信在两汉时期就已有用蜡烛作照明的，一般认为东汉以前，蜡只不过是把它代膏来用，也就是把蜡在灯盘内融化后作为油膏使用，并不是制成细柱状的蜡烛来用。

在古代文献中最早提到"蜡烛"，大约是在晋朝。在《晋书·周𫖮传》中，"𫖮性宽裕而友爱过人，弟嵩尝因酒瞋目谓𫖮曰：'君才不及弟，何乃横得重名！'以所燃蜡烛投之。𫖮神色无忤，徐曰：'阿奴火攻，固出下策耳'"[1]，意思是周𫖮待人宽容友爱。弟弟周嵩曾经醉酒后对周𫖮说："您的才能不及我，怎能意外得到重名！"用燃烧的蜡烛投掷他。周𫖮神色没有变化，徐徐说："阿奴用火攻击，本来就是下策罢了。"这里说到了"蜡烛"。南朝刘义庆的《世说新语·汰侈》中，也有石崇（字季伦）"用蜡烛作炊"的事。

晋以后有关蜡烛的记载就更多了。在河北宣化出土的辽墓壁画中，有一个宴饮的场面，画上有一支大蜡烛，插在雁足灯台上，灯台放在地面，火焰却达到了侍者的胸部。这就是说，这支蜡烛竟然有1米多高！

在《天工开物》一书里，记载有当时手工制蜡烛：用竹筒作模子，先把竹筒剖成两半，放在水中煮涨，为的是不让油液黏挂在筒壁上，然后取出将两半对好，用小篾箍勒紧，再用鹰嘴铁勺舀油灌进竹筒，并把烛芯插好，等油冷凝以后，把箍打开，蜡烛就做成了。

---

[1] 二十五史·晋书[M]. 上海：上海古籍出版社，1986：1460.

尽管，在晋以前的古代文献资料中，缺乏用蜡烛点灯的可靠记载，但从近几年考古的新发现来看，可能在西汉的时候我国就已经有蜡烛了。

1983年，在广州象岗汉南越王墓中出土的铜灯，它不同于一般的用油的灯具，除了它有圆形的灯盘外，在灯盘上面还有一个圆环，而且这个圆环可以上下移动。显然，这个圆环是用来插烛的。在西汉以后的墓中，出土有不少类似的烛台，它们显然不同于点油的灯具，灯盏中没有乳状突起，代之的是一个圆孔或者是一个圆管，用以插蜡烛。如1964年，在河北的一座北魏古墓中，发掘出过一盏类似的柱状铜灯。墓主人是北魏营州刺史韩贿的妻子高氏，高氏一家系北魏官僚贵族。

河北宣化辽墓壁画中的烛灯

北魏的柱状铜灯，造型十分简朴，无华丽的装饰，但设计得很精巧。它只有11.5厘米高，是一盏小型铜灯。柱状铜灯由灯盘和灯柱组成。灯盘为圆盘形，同现代的茶盘十分相像，盘上无装饰花纹，仅用两条环状凸纹作装饰。灯柱为八角形，中间空心，灯柱下端呈喇叭形，置于灯盘的中央。柱状铜灯的灯柱与连枝铜灯的灯柱相比，要简单得多，没有从灯柱伸出的曲枝，在灯柱的上端有2个左右对称的铜环，灯柱两侧各开一条凹槽，槽内嵌有2只左右对称的小圆盏，小圆盏可沿凹槽上下任意移动。使用时，蜡烛穿过铜环，置于小圆盏中。因小圆盏中无蜡钎，铜环可防止蜡烛从小圆盏中翻落下来。柱状铜灯可同时点燃2支蜡烛。随着蜡烛逐渐变短，小圆盏还可

北魏柱状铜灯

东汉柱状陶灯

逐渐向上移动，使蜡烛始终套在铜环里，不致从小圆盏中翻落下来。

这种铜灯的造型可能来自一种陶制的柱状灯具。在广州的一座东汉古墓中，曾出土过一种造型完全与这盏铜灯一样的陶灯，陶灯分为灯柱和灯盘，灯盘呈浅圆形、敞口、折腹、圈足，灯盘的中央有一根灯柱，上部开有一条凹槽，里面装有一只环形箍，下面有一只托，可以放置蜡烛，灯高为22.5厘米。但它的制作时间要比铜灯早一二百年，是东汉后期的制品。或许它从东汉就开始流行，一直到北魏仍在流行。

因此，蜡烛出现在汉代的可能性是极大的。这样看来蜡烛要比油灯晚出现几百年。

硬灯芯与软灯芯

　　油灯的灯盏除了盛灯油以外，还有浸在油或脂中的灯芯。早期的灯芯是从火把演变过来的，像一个小火把。它是由麻蒉（剥去麻皮后的麻杆）缚成束而成的。麻蒉也叫蒸。在《说文解字》中有"蒸"，"析麻中干也"。[1]由于灯芯是用硬纤维做成的，可以插在灯盘中间，所以早期的灯具，在它的灯盏中都有尖锥状的支钉，用以插灯芯。《说文解字》对支钉的解释为："镫中火主也。"[2]后来在"主"字旁加一火字偏旁就成了"炷"字。可见，那时的灯芯都是立在灯盏中央的。晋朝傅玄的《灯铭》诗对这种灯芯有过生动的描述：

　　"晃晃华灯，含滋炳灵。素膏流液，玄炷亭亭。丹水阳辉，飞景兰亭。"[3]诗中的"素膏流液，元炷亭亭"描述了灯炷在灯盏中亭亭直立的姿态，呈"盏中立炷式"。除麻蒉以外，灯芯也有用细竹条做成的。这些都属于硬质纤维制作的灯芯。另外，还有用软纤维制作的灯芯，如灯芯草。灯芯草是一种多年生的草本植物，草茎很长，有35~100厘米，但茎很细，仅1~2毫米。茎呈细柱形，茎中有茎髓，可

---

[1]许慎，等.说文解字注[M].上海：上海古籍出版社，1988：44.

[2]许慎，等.说文解字注[M].上海：上海古籍出版社，1988：214.

[3]傅玄，等.四库文学总集选刊·汉魏六朝百三家集[M].上海：上海古籍出版社，1994：161.

用作灯芯。这种灯芯很软,不能像麻蒉做成的灯芯那样可以插在灯盏的支钉上。因此,用这种软纤维制作的灯芯的灯一般要在灯盏内设置一个小圆台,将软纤维制成的灯芯架在台上点燃。用软纤维制作灯芯可以说是一大进步。特别是西方的"盏唇搭炷式"灯芯的传入,使软纤维灯芯的流行更为广泛。所谓"盏唇搭炷式"就是在灯的一侧有"流"(像容器的吐水口一样的形状),灯炷引入流内,搭在盏唇上点火的一种放置灯芯的方式。

1959年,在新疆巴楚出土的一盏唐代壶形铜灯,采用的就是"盏唇搭炷式"灯芯。它的造型非常精美,不同于中原地区的灯具,已经融入了外来文化。这盏铜灯并不高大,仅7.1厘米,似一把没有盖的茶壶。但茶壶的造型也不同于中国茶壶。中国茶壶一般都呈圆形或方形,很少见到这种长形的茶壶,它有点像现在咖啡馆里盛牛奶的奶壶,非常特别。壶形铜灯由灯盏和灯座两部分组成。灯盏是壶身,它一侧有"流"(吐水口),灯芯可以放入流内,并搭在流的唇边燃烧;另一侧有一弯曲的把手。灯座为高圈足,上部用直条凸棱作装饰,底下边沿做成多边形,改变通常采用圆形造型。这盏灯具与西方古罗马的灯具十分相似,可能是仿制古罗马灯具制造的,也可能是通过西域商人从古罗马传过来的。这也反映了唐代中国与西方的文化交流以及通商所带来的影响。

西方灯具的传入对我国灯具的改进产生过一定的影响。在唐以前,我国灯具上应用的都是在灯盘中央直立起来的硬质纤维灯芯,唐以后,由于西方灯具的传入,西方灯具上的软质纤维灯芯,开始在我国的灯具上获得应用,并且逐渐盛行,出现了这种灯芯搭在灯盏唇上燃烧的唐壶形铜灯。

正由于这种灯芯放置方式的改变,使得软纤维灯芯很快被推广,"盏中立炷式"的灯被逐渐淘汰,宋以后就很少见了。

软纤维灯芯除灯芯草外,还有棉纱等,但我国用棉纱做灯芯的时间比较晚。

新疆出土的唐代带"流"的马壶形铜灯

灯与文化

灯除了给我们光明，照亮我们前进的道路以外，从民俗学角度考察，灯还与我们的传统文化密切相关，如灯节、灯谜、灯诗、灯画等。

灯　节

每年的阴历正月十五是上元节，也称灯节。这天晚上家家户户除了要吃汤圆外，还要点花灯，看焰火，非常热闹。这一习俗在中国已经流传了几千年。

据说，西汉初年，平定诸吕叛乱正好在正月十五那一天，汉文帝就将这一天定为元宵节，以示庆祝。但也有另外三种不同的说法：一说是祭祀太一（天神），汉武帝时，就把这一天称为"上元燃灯节"，祭祀道教的始祖太一，晚上灯光通宵达旦；一说是源于道家的三元配三官。正月十五日天官是上元，七月十五日地官是中元，十月十五日水官是下元，所以正月十五日为灯节应是起源于道教；一说是与佛教相关。传说，佛祖死后，人们用燃灯来记念他。东汉明帝曾在元宵节晚上亲自去寺院张灯祭佛。在唐朝，灯节更是受佛教的影响。据《旧唐书·音乐志》记载，唐玄宗接受西域和尚婆陀的请求，在先天二年（713）正月十五日夜点起千盏花灯。

到了南北朝，正月十五日元宵节张灯结彩已成风俗。南朝梁简文帝写有一首著名的《例灯赋》："何解冻之嘉月，值蕤荑之盛开。草含春而色动，

元宵灯节

云飞采以轻来。南油俱满，西漆争燃。苏征安息，蜡出龙川。斜晖交映，倒影澄鲜。九微间吐，百枝交布。聚类炎洲，疏同火树。竞红蕊之晨舒，蔑丹萤之昏骛。兰膏馥气，芬炷擎心。寒生色浅，露染光沉"[1]，描绘了当时宫廷在元宵节张灯结彩的盛况。

隋唐时期是中国封建社会的鼎盛时期，经济发达，文化繁荣，元宵灯节也更加热闹。据《隋书·音乐志》的记载："每岁正月，万国来朝，留至十五日。于端门外、建国门内，绵亘八里，列为戏场。百官起棚夹路，以昏达旦，以纵观之，至晦（正月三十日）而罢。伎人皆衣锦绣缯彩，其歌舞者，多为妇人服，鸣环佩，饰以花

莫高窟壁画上的菩萨点灯

耗者，殆三万人……于天津街盛陈百戏，自海内凡有奇伎，无不总萃。崇侈器玩，盛饰衣服，皆用珠翠金银，锦罽絺绣。其营费巨亿万……金石匏革之声，闻数十里外。弹弦捋管以上，一万八千人。大列炬火，光烛天地，百戏之盛，振古无比。自是每年以为常焉。"[2]

另外，从隋炀帝的《元夕于通衢建灯夜升南楼》诗中也可见当时元宵灯节灯火辉煌的景象："法轮天上转，梵声天上来。灯树千光照，花焰七枝开。月影凝流水，春风含夜梅。旛动黄金地，钟发琉璃台。"[3]从诗句"灯树千光照，花焰七枝开"中，人们不难看出当时灯节的繁华景象。

---

[1] 梁简文帝, 等.四库文学总集选刊·汉魏六朝百三家集（三）[M].上海：上海古籍出版社，1994：523.

[2] 二十五史(5)[M].上海：上海古籍出版社；上海书店，1986：3298.

[3] 隋炀帝, 等.先秦汉魏晋南北朝诗[M].北京：中华书局，1983：2671.

莫高窟壁画中的灯轮

唐朝时,观灯的时间从汉朝的一天增至三天,元宵之夜也取消了宵禁,正月十五日前后各一日以观灯。唐朝灯节的观灯活动达到了空前的高涨。

唐朝著名的诗人苏味道在《正月十五夜》诗中描写了唐时灯节观灯的热闹景象:"火树银花合,星桥铁锁开。暗尘随马去,明月逐人来。游伎皆秾李,行歌尽落梅。金吾不禁夜,玉漏莫相催。"[1]

唐朝先天二年(713)的灯节时,唐玄宗下令在长安安福门外做了二十丈高的灯轮,以华丽的绢纱丝绸和名贵的金银珠宝装饰,在周围燃起五万盏灯。看上去像一棵巨大的开满灯花的树,十分壮观。百姓在其下面欢乐三晚。

传说,元宵灯节,唐玄宗曾在上阳宫大陈灯影,从紫禁城一直到宫廷,用丝绢作灯楼二十间,高百五十丈,上面悬挂珠玉金银的穗坠,微风一吹,金玉交响,如同音乐一般。灯楼上的烛光照耀,如同白昼。

宋朝时,元宵灯节的活动规模更大,促使彩灯更进一步地发展。元宵节自岁前冬至后,就在开封府绞缚山棚,立木正对宣德楼,游人已集御街两廊下……至正月七日,人使朝辞出门,灯山上彩,金碧相射,锦绣交辉。面北悉以彩结,山砚上皆画神仙故事。或坊市卖药卖卦之人,横列三门,各有彩结金书大牌,中曰"都门道",左右曰"左右禁卫之门",上有大牌曰"宣和与民同乐"。彩山左右,以彩结文殊、普贤,跨狮子、白象,各于手指出水五道,其手摇动。用辘轳绞水上灯山尖高处,用水柜贮之,逐时放下,如瀑布状。又于左右门上,各以草把缚成戏龙之状,用青幕遮笼,草上密置灯烛数万盏,望之蜿蜒,如双龙飞走。自灯山至宣德门楼横大街,约百余丈,用棘刺围绕,谓之"棘盆",内设两长竿,高数十丈,以缯彩结束,纸糊百戏人物,悬于竿上,风动宛若飞仙。内设乐棚,差衙前乐人作乐杂戏,并左右军百戏,在其中驾坐一时呈拽。宣德楼上,皆垂黄缘,帘中一位,乃御座。用黄罗设一彩棚,御龙直执黄盖掌扇,列于帘外。两朵楼各挂灯球一枚,约方

---

[1] 苏味道,等.全唐诗[M].上海:上海古籍出版社,1986:181.

圆丈余，内燃椽烛，帘内亦作乐。宫嫔嬉笑之声，下闻于外。楼下用枋木垒成露台一所，彩结栏槛，两边皆禁卫排立，锦袍，襆头簪赐花，执骨朵子，面此乐棚。教坊钧容直、露台弟子，更互杂剧。近门亦有内等子班直排立。万姓皆在露台下观看，乐人时引万姓山呼。

可见，宋时灯节的盛况并不亚于唐朝。

到了明朝，元宵灯节的观灯活动从五天增至十天。洪武五年（1372）正月十四日，在南京秦淮河上，燃水灯万枝，直至十五日夜半才结束。

明朝还出现了灯市，出售各式彩灯。正月十五日上元节，前后张灯五夜，相传宋时只有三夜，钱王纳土，献钱买添两夜。杭州的灯市，从寿安坊至众安桥，出售各色彩灯，人物灯则有老子、美人、钟馗捉鬼、月明度妓、刘海戏蟾等；花草灯则有栀子、葡萄、杨梅、柿橘等；禽虫灯则有鹿、鹤、鱼、虾、走马灯；其奇巧灯则有琉璃球、云母屏、水晶帘、万眼罗、玻璃瓶灯；豪家富室的彩灯则有料丝、鱼鱿、彩珠、明角、镂画羊皮、流苏宝带，品目岁殊等，难以枚举。

可见，当时在灯市上出售的彩灯的种类是非常之多。灯市的繁荣，从另一个侧面反映了当时灯节的热闹。

清乾隆四十五年（1780），乾隆南巡，刑部奉天主事、浙江桐乡人金德舆，为了拍乾隆马屁，请曾为他门下食客方熏画了100幅"万汇繁滋，四民乐业"图，并由赵知聿、朱春桥等人作图说，鲍廷博题写"太平欢乐"四字的《太平欢乐图》，作为礼物献呈献给乾隆皇帝。

《太平欢乐图》虽是一部拍马屁之作，但是，图中描画的浙江风土人情，大概是中国绘画史上最早反映百姓劳作行当的系列图画，画出了湮没在历史风尘中

元宵节金银币

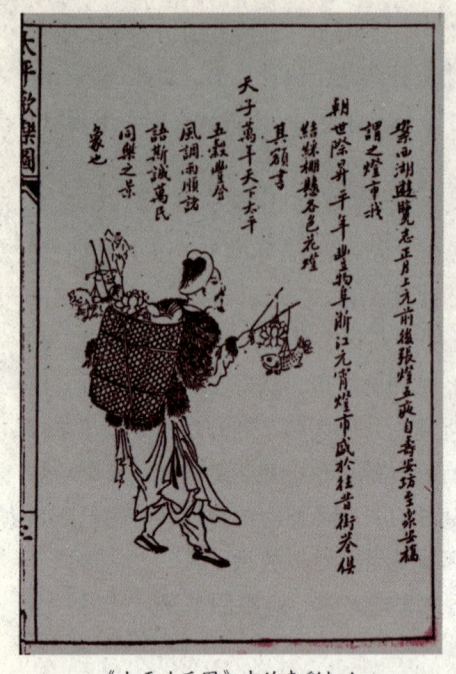

《太平欢乐图》中的卖彩灯人

的普通人的日常生活,让我们能比小说、笔记等文字更了解200多年前的社会生活场景。

《太平欢乐图》中的内容大致分为市井万花筒、市井娱乐以及浙江名特产三大部分,展现出当时杭嘉湖地区百业兴旺、百姓安居乐业的生活情景。其中有一则介绍杭州灯市上卖彩灯的人,并配有一幅木刻插图,图上画着一名身背罗筐卖彩灯的人,在卖灯人的箩筐里放满了各式各样的彩灯,有莲花灯、兔子灯、狮子灯、金鱼灯、人物灯,手中又拿着一盏鲤鱼灯和一盏莲花灯在街头巷尾叫卖。图上配有一段文字,对浙江的灯节作简要的说明:

"《西湖游览志》:'正月上元前后张灯五夜,自寿安坊至众安桥谓之灯市。'我朝世际升平,年丰物阜。浙江元宵灯市盛于往昔,街巷俱结彩棚,悬各色花灯,其额书'天子万年天下太平',五谷丰登,风调雨顺,诸语斯诚,万民同乐之景象也。"

在清朝,到了灯节,每年要在宫中立天灯、万寿灯,在宫殿丹陛上下安置雕刻精致的汉白玉座,把高大的雕龙木灯柱立在台座中用铁拴穿固,灯柱上设挂灯联,坠以金银珠玉灯穗,真是火树银花一样。在宫殿廊庑上,丹陛栏杆上和宫苑永巷之间,都要悬灯结彩,悬挂的灯有天下太平灯、普天同庆灯、万寿无疆灯、福字灯、双喜字灯、大吉灯、方胜灯、葫芦灯、鱼瓶灯。这些形态各异、千姿百态的彩灯都经巧匠精心制作,有的是用细木为架框,雕刻花纹;或以雕漆为框架,镶以纱绢或玻璃料丝、牛角,在上面还细绘山水人物、花鸟、虫鱼、博古文玩或戏剧宗教故事,晚间红烛辉映,灯影流光,绢囊无骨灯,光亮如琉璃球。

灯 谜

"左边左边,右边右边,上些上些,下些下些,不是不是,正是正是,重些重些,轻些轻些。"这是元宵灯节上的一则灯谜。谜底就是"搔痒",非常形象。猜灯谜是灯节活动中除观灯以外的另一项有趣的娱乐活动。中国最早的灯谜,始于南宋。

灯谜是中华民族特有的一种文学形式,有着悠久的历史。灯谜是由谜语发展而来的。而谜语的雏形是春秋时期的"隐语"和"瘦辞"。"隐语"和"瘦辞"就是不把本意直接讲出来,而是借别的词来暗示,让人猜测意会。"隐语"和"瘦辞"后来

元宵灯谜

向两个方面发展:一个被迷信所利用,发展为测字术;另一个是向猜谜活动方向发展,成为现代的谜语。

在《史记·楚世家》中就有一段"隐语"的记载,"庄王即位三年,不出号令,日夜为乐。令国中曰:'有敢谏者死无赦!'……伍举曰:'愿有进隐。'曰:'有鸟在于阜,三年不蜚(飞)不鸣,是何鸟也?'"[1]这段话是隐喻庄王即位三年,不出号令,日夜为乐,还令国中曰:有敢谏者死无赦!即使这样,伍举还是入谏了。庄王居然左手怀抱郑国美女,右手怀抱越国美女,置座于歌妓舞女之中。伍举说:"有一只鸟,三年不飞不鸣,是什么鸟?"庄王答:"三年不飞,飞将冲天;三年不鸣,鸣将惊人。"楚庄王在位三年无所作为,伍举等人对楚庄王进行规劝。

有一则"隐语"讲述:一个叫黄猷吉的人,原先在淮阳做官,后因身体不好,便回家养病。一天晚上,他家来了一位手拄拐杖的老僧,要见黄猷吉。这时已是深更半夜,家人怕惊吵主人,不让老僧进门。第二天深夜,老僧又来求见,家人不但不肯开门,还说了老僧几句,将他赶走。老僧连吃两次闭门羹,心中十分不快,嘀咕着说:"我以为你深好道术,今你有难,特来相告,却被你门下两次拒至门外,你将遭灭顶之灾,这正是你的命啊!"于是,老僧从衣袖中取出一支笔,在他家的墙上写了一首诗:"坐不得,行不得;愁无心,口添画;大口小口,青黄共色。"写完后,他就走了。

第二天,正是立秋,夜里黄猷吉家突然发生大火,黄家的几十间房屋及财产全被烧毁,独剩下一间小屋没有被烧毁,令黄家人生疑。他们在这间小屋的墙上发

---

[1] 二十五史(1)·史记[M].上海:上海古籍出版社;上海书店,1986:204.

现了这首诗。这时,黄家的家人才想起了有位老僧来找黄猷吉的事,并将此事告诉了黄猷吉。黄猷吉听罢家人告诉他老僧的事,又看了墙上所写的诗,仍不得其解。正好他的一位邻居也在观看,并称他能解此诗的意思。黄猷吉就请他作解释。他对黄猷吉说:"第一句'坐不得,行不得',不就是一个'立'字吗!第二句'愁无心,口添画',前半句'愁无心','愁'字没有了一个'心'字不就成了一个'秋'字了吗!后半句'口添画',不就是在'口'中添一画,成了一个'日'字了吗!第三句'大口小口,青黄共色',前半句'大口小口'不就是一个'回'字吗!后半句'青黄共色',即青色加黄色不就成了绿色了吗!这首诗合起来就是'立秋日回绿'('绿'是'禄'的谐音,'回禄'是火神)。意思是立秋日遭大火,只有此屋能存下来。"黄猷吉听了这位邻居的一番话,恍然大悟,后悔不及。原来,这位老僧是来给他报信的。他错过了时机,才发生了这场大火。这首墙上诗不就是一则谜语吗!

在三国后期,魏国拜司马懿为司空。一天夜晚,司马懿正准备就寝,忽然听见门外有人在敲门,他从床上起身去开门,只见门外站着一个身穿白衣,满脸飘着白须的长者。司马懿见此人不同凡者,急忙请他进屋来。来者自称是白虎使者,从怀中取出一件东西,交到司马懿的手中,并对司马懿说:"此物请不要打开。"说完这话,来者就飘然而去。这件事使司马懿感到十分奇怪。他见来者不是一般凡人,又见给他的一件东西这样神秘,顿时好奇心涌出心头,早把刚才来者对他说的那番话扔至脑后,迫不及待地将那东西打开。里面是一只金笼子,金光闪闪,高有三四寸,上面刻有一行小字:"父子从我受重火。"司马懿虽觉此话一定包含有很深的意思,但他不明白它的意思。司马懿心中一直想着这件事,他便暗中寻访术士。一次,他找到一位术士,把那金笼子给那术士看后,那术士只说了一句话:"你们司马家定有帝王之望。"其他什么也没有给他说。后来,司马炎建立了晋朝,这时人们才恍然大悟,原来,"受重火"不正是一个"炎"字吗!

东晋时候,有一位大将叫王恭,他仪表不凡,谈吐高雅。其时,有司马道子、王国宝等人图谋搞乱朝纲,王恭想举兵讨伐他们。他在京口(今镇江)时,当时流

司马懿像

传着两句民谣:

"黄头小人欲作贼,阿公在城下指缚得。"又云:"黄头小人欲作乱,赖得金刀作蕃扞。"

但当时人们并不知道这两句歌谣是什么意思,直到后来,王恭起兵攻打晋朝,朝庭派大将刘牢之前去平叛,王恭的军队被击败,王恭和他的五个儿子及兄弟都被刘牢之的军队所杀死。这时人们才想起这两句民谣,原来这两句民谣就是指王恭如犯上作乱就会被一个姓刘的人杀死。"黄头"就是黄字的头"艹","小人"与"艹"头合在一起,不就成了一个"恭"字吗!"金刀"暗示"刘"字。这两句民谣的意思都是:一个名叫恭的人"作乱",就会被一个姓刘的人打败。

《红楼梦》中的"制灯谜贾政悲纤语"

灯谜从"隐语"、"瘦辞"、"离合诗"等这种文字游戏中分离出来,自成体系,是在宋代,并且有了"灯谜"这一名称,灯谜的起源地在杭州。灯谜是以绢灯剪写诗词,时寓讥笑,及画人物,藏头隐语,及旧京诨语,戏弄行人。从目前可以查得到的、对灯谜活动的最早记载是《武林旧事·灯品》中的一段记载南宋都城临安的灯谜活动。从中不难看出灯谜从旧时的"隐语"、"瘦辞"中分离出来,同时,它的出现也与灯节活动的盛行有关系。在宋元的大城市中,每于元宵,灯火辉煌,有人在纸上书写一则谜语,然后有数人将它传播到大街小巷,无论老少都聚相猜测,如果猜中这则谜语,就请其人入坐酒席,向他庆贺,即使在穷乡偏邑也是这样。

后来,发展到灯与谜结合在一起,将写有字谜的纸条张贴在灯上。在明朝,北京元宵节时,灯市,有以诗影物幌于寺观之壁,名之曰"商灯"的灯谜。在苏州,上元灯市,有一种"弹壁灯",就是灯的一面靠壁,在另外三面贴上字谜的纸条。

在民间,猜灯谜也是深受欢迎的活动,在反映清朝社会生活的《红楼梦》、《儒林外史》、《二十年目睹之怪现状》等小说中,都有猜灯谜的内容,尤其是《红楼梦》中,作者用大量的笔墨描写贾府在元宵灯节的猜灯谜的活动。

· 趣闻轶事 ·

纪晓岚出灯谜难倒众大臣

纪晓岚像

在清朝，灯谜已发展到朝野风行，清朝乾隆皇帝就十分喜欢猜灯谜。一年元宵节，乾隆皇帝在文华殿与大臣们一起猜灯谜，纪晓岚在一个大灯笼上写了一个灯谜：

"黑不是，白不是，红黄更不是。与狐狼狗猫半边相仿佛。既非家畜，又非野兽。诗也有，词也有。论语上也有。对东西南北一片全模糊。虽为小品，亦为妙文。"

在座的人无一能猜出。乾隆皇帝只好叫纪晓岚自己揭开此灯谜的谜底。原来上联是一个"猜"字，下联是一个"谜"字，两者合起来就是"猜谜"两字。

灯 诗

诗是我国最早出现的一种文学体裁。灯，也常常被作为写诗的对象。一些著名的诗人都有写灯的诗篇留传下来，如唐朝诗人卢照邻、骆宾王、孟浩然、韩愈、白居易、李商隐，宋朝的苏轼、陆游等，都有咏灯的诗篇流传下来。以灯作为诗的题材，不仅为诗人所喜爱，甚至在历代帝皇中，喜欢写灯诗的也不乏其人，如梁武帝、简文帝、元帝、隋炀帝、唐太宗、宋仁宗等。他们借灯烛来抒发自己的感情，借灯烛来称颂别人，其中有些名句流传上千年而被广为传播，如李商隐的"春蚕到死丝方尽，蜡炬成灰泪始干"[1]。

特别是彩灯，更是诗人歌咏的对象，如宋时范大成的《琉璃球》、《万眼罗》和岳珂的《塔灯》等咏彩灯的诗作，元朝吕诚写的《咏菩提叶灯》："宝林萎叶堕天风，一落人间便不同。云镜荧煌开月匣，并刀裁剪费春工。星攒蜩翼冰绡薄，华拥虾须玉栅红。从此可传无尽焰，五湖今有水晶宫。"[2]明朝李东阳写的《河灯》："火里莲花水上开，乱红深绿共徘徊。纷如列宿时时出，宛似流觞曲曲来。色界本

---

[1] 李商隐, 等. 全唐诗[M]. 上海: 上海古籍出版社, 1986: 1365.
[2] 吕诚, 等. 四库文学总集选刊·元诗选(四)[M]. 上海: 上海古籍出版社, 1993: 611.

知空有相，恒河休叹劫成灰。凭君莫话然犀事，水底鱼龙或见猜。"[1]

《河灯》是咏一种放置于水面上的彩灯。放水灯是我国南方民间（主要在江浙一带）的一种风俗，放灯时间不是正月十五的上元节（元宵），而是在农历七月十五日的中元节晚上。七月十五日放水灯的习俗是这天

荷花水灯

"地官赦罪之辰，人家多持斋诵经，荐奠祖考，摄孤盘斛，屠门罢市。僧家建盂兰盆会，放灯西湖及塔上、河中，谓之'照冥'"。江浙一带放水灯的习俗非常盛行，放灯的数量可以多达数十万盏。数十万盏水灯在水面上浮动，真是"万点芙蓉开碧沼，一天星斗落冰盘"，十分壮观。

明朝，彩灯的种类更多，明朝诗人写有许多歌咏灯的诗作，桑悦的《咏老人灯二首》："鹤发垂肩俨寿星，儿童扶立耀门庭。存如掣电何须计，生已垂光不足惊。虚火上冲心即烁，酸风斜拂眼还明。繁华阅尽俱萤爝，自许焚身入化城。""假合分明两鬓秋，鲍郎衫袖带膏油。衰颜自分随灰灭，急景何妨秉烛游。得火常时能暖腹，避烟终夜只摇头。却疑南极星辰现，一点光芒落海陬。"[2]此外，再如曾棨的《牡丹灯》，瞿佑的《鞋灯》和《斗鸡灯》等，我们从这些咏灯诗中不仅可以看到古代灯具的风采，而且也为我们研究古代灯具留下了宝贵的资料。不少古代的灯具虽已经难见其真貌，但我们从这些诗篇中可以了解到它们的情况。

· 趣闻轶事 ·

古诗话冰灯

近年来，冰灯在我国北方非常盛行，尤其黑龙江省的哈尔滨市在每年的元宵

---

[1] 李东阳, 等. 列朝诗集[M]. 上海: 上海三联书店, 1989: 283.

[2] 桑悦, 等. 列朝诗集[M]. 上海: 上海三联书店, 1989: 323.

节前都要举行冰灯展。其实,冰灯在我国古代早就有之,明朝唐顺之的《元夕咏冰灯》诗中就有描述元宵之夜冰灯的景况:

"正怜火树斗春妍,忽见清辉映夜阑。出海鲛珠犹带水,满堂罗袖欲生寒。烛花不碍空中影,晕气疑从月里看。为语东风暂相借,来宵还得尽余欢。"[1]

冰灯

灯 画

灯画是在灯屏的绢纱上,彩绘的山水、花鸟、人物画,一般都是手绘的,也有木版刻印的,它是中国传统年画的一种。

过去过年,为了给节日增添喜庆,在除夕,每家每户门前都会挂一盏方灯,一面给在外游玩的人用作照明,另一面也给人们带来一点节日的喜庆。在北方和南方都有这种习俗。尤其是一些富商的豪宅,挂灯上还会绘上彩画。彩画除了山水花鸟,还会有各种人物故事,如"昭君出塞"、"长坂坡"、"临潼山"、"西厢记"、"杨家将"、"梁山伯与祝英台"、"牛郎织女"等等。在清光绪二十六年(1900)的《燕京岁时记》中,有"各色灯彩多以纱绢玻璃及明角等为之,

武强灯画《玉虎坠》

并绘画古今故事,以资玩赏。"这里指的就是"灯画"。

灯画一般在灯的 4 面(或 6 面)绘制或印制彩画,如武强的《玉虎坠》就有 6 幅灯画组成。《玉虎坠》一共有七出,讲述占据太行山的马武,下山访贤,路

---

[1]唐顺之,等.列朝诗集[M].上海:上海三联书店,1989:401.

遇卖卜人王滕，同至酒肆饮酒，与冯昭之子冯彦发生口角。后来，两人动手打了起来，马武不敌冯彦。马武爱慕冯彦的武艺，拟请其上山聚义，命王滕去劝说，被冯彦驱出。马武将王滕杀死，将其人头挂在冯家的门环上。适逢冯彦的继母田氏因妒忌冯彦，诬其杀人，县官将冯彦押入狱中，并将王滕之女娟娟寄居在尼姑庵中，田氏又诬冯彦妻子伏氏与人通奸，将其母子俩赶出冯家，伏氏母子俩只好投往在尼姑庵中。后娟娟被许配给冯子乾郎，娟娟赠玉虎坠给伏氏母子，让他们变钱救父。灯画《玉虎坠》用6幅图画描述其中的六出戏：娟娟梦虎衔玉坠（一出）、马武下山遇卖卜人（二出）、马武与冯彦发生口角（三出）、冯彦继母诬冯彦杀人（四出）、乾郎怒打和尚（五出）、伏氏与娟娟寻乾郎，被马武劫至山上，代勘娟娟之冤（七出）。

再如，苏州灯画《吉祥人物》是由12幅象征吉庆的神仙人物组成："一品当朝"、"张仙送子"、"福禄寿星"、"天官赐福"、"和气致祥"、"财源聚宝"、"独占鳌头"、"满载而归"、"招财利市"、"进宝财神"、"和合二圣"、"麒麟送子"。12幅灯画就需要有2盏或3盏灯。类似这种灯画，还有很多，如苏州灯画"六出小戏"就是由昭君出塞、长坂坡、临潼山、西厢记、洒金桥、打花鼓等6幅灯画组成。

一般4盏灯为一堂，共有16幅（或24幅）灯画，也有24盏灯或更多的灯为一堂。由于灯上的画有很强的故事性，常常吸引人们看完第一盏灯，定要看第二盏灯，直到把灯上的故事看完为止。灯画其实就成了早期的连环画。

还有一种灯画，可以黏贴在走马灯的纸轮上，如苏州灯画《三国刀马人》，

苏州灯画《三国刀马人》

画上人物个个身骑战马,手舞刀枪,在灯烛的照耀下,会转动起来,好像战场上厮杀般的热闹。

早期的灯画多是山水花鸟画,没有故事情节,只是美观,比较单调。到了清代中叶,灯画的内容变得丰富多彩,各种题材出现在灯画上,有讲述历史故事的,如讲述董永卖身葬父、木兰代父从军、孟母择邻而居、岳母刺字训子等四则古代贤人故事的《忠孝贤图》;讲述上古时,舜耕于历山下,其父瞽叟欲害舜,命舜下井,其后母和他的弟弟象用土将他掩埋,舜侥幸从井下逃出,尧闻其贤,以二女婚嫁于他的《大舜耕田》等等;有描绘小说故事的,如盛行于世的《聊斋故事》莲香、娇娜、画皮、云翠仙、章阿端等灯画;由"雪天请孔明"、"千里送皇嫂"、"八里桥挑袍"、"赵云长坂坡"、"古城斩蔡阳"、"老张三动鼓"等10多幅灯画组成"三国戏;有展示世俗生活的,如"荷塘画舫"、"回娘家"、"小放牛"、"跑旱船"、"瓜园乐趣"、"四子同乐"等灯画。讽刺清朝腐败的内容也出现在灯画上,如灯画"猴官"专门讽刺靠讨主子喜欢而升官的人。在《幕府燕闲录》中,就记有一则:"昭宗赐绯袍给号孙供奉"的猴子的故事[1]:唐朝的亡国之君唐昭宗,

灯画"猴官"

---

[1] 全唐诗[M]. 上海:上海古籍出版社,1986:1675.

有一个喜欢耍猴的爱好。一只被训练得机敏过人的猴子，戴帽穿靴和百官一起随班起居。唐昭宗走到哪里都会带上这只猴子，即使在被藩镇逼得不得不逃离皇宫时也会带上这只猴子。在逃亡途中，唐昭宗还一时兴起，给猴子赐以绯袍，号孙供奉。按照唐朝的官制，只有五品以上的官员才可穿绯色，这只猴子能穿绯袍，官级至少五品。当时，很多五品以下的官员很不服气，唐昭宗听说后淡然一笑，调侃道：朕以为孙供奉必为忠臣，而卿等却未必。后来果真如此，朱温弑杀唐昭宗后，自立为帝。先前昭宗的旧臣纷纷转而跪拜在朱温脚下。待到"孙供奉"被带上殿，朱温当场表示继续让这猴子穿戴绯色官袍，不料"孙供奉"并不领情，竟然当场扯掉官服冠帽，奋不顾身地扑向朱温。气得朱温恼羞成怒，当即下令将它处死。唐代诗人罗隐还写了一首《感弄猴人赐朱绂》诗，其中写道："十二三年就试期，五湖烟月奈相违，何如买取胡孙弄，一笑君王便著绯。"[1] "猴官"灯画上画一只穿着朝服的猴子，被两只戴夏帽、穿坎肩的猴子一前一后抬着，后面跟着两只猴子，一只手拿旱烟袋，一个举着伞盖，极具讽刺意义。

  灯画因是在灯光映照下观看，对画面的效果，讲究人物传神的神态和鲜艳的色彩对比。

---

[1] 罗隐,等.全唐诗[M].上海：上海古籍出版社，1986：1675.

灯与科技

灯的发展与科技的进步是密切相关的,原始灯具十分简单,但到了两汉时期,无论在灯的制造技术方面,还是在灯的使用功能方面都有了很大的进步,这些进步都是由于科技的发展所带来的。

古代灯具主要是燃油或燃烛的,在点燃之后,虽然灯盘中的灯油或油脂会沿着灯芯慢慢地上升到火焰里,在火焰中完成燃烧过程,但是由于燃烧得不完全,使燃烧中产生的碳灰和灰烬以及受热蒸发出来的油烟,随着灯火中的热气流一起带到了空中,造成室内烟雾弥漫,污染室内的空气环境。于是,在汉代的灯具上出现了一种能消烟除尘的装置,从灯的肩部伸出导烟管,让烟雾从导烟管中排入灯座腔内,在腔内装有的清水能将烟雾过滤掉,从而解决了室内烟雾的问题。

原始的灯具没有灯罩,稍有大风就会把灯火吹灭,同时还不能控制灯光明暗和照射的方向。因此在后来的灯具上又出现了带灯罩的灯具。灯罩是用两块瓦形屏板将灯火围起来,瓦形屏板不仅能挡风,而且还可以移动控制灯光的照射方向与明暗,使灯具的使用功能更加完善。

这种导烟装置和控制灯光的灯罩,在当时是十分先进的,比西方出现同类的消除

带灯罩和除烟雾装置的东汉云纹铜牛灯

烟雾装置和控制灯光亮度的灯罩要早1000多年。15世纪,意大利的著名画家达·芬奇发明用铁皮制作类似的导烟灯罩,用于油灯上,来消除灯具产生的烟雾。之后,在18世纪,又有法国人和瑞士人相继发明用玻璃来制作灯罩代替铁皮灯罩,解决灯具的烟雾问题。

孔明灯

孔明灯是用竹篾编成圆桶形,外面用棉纸或纸糊成灯罩,开口朝下,底部的支架上可以放置蜡烛。放飞前,人们会将自己的愿景,以及对家人的祝愿写在灯上,然后点燃蜡烛,将灯内的空气加热、膨胀,排出灯中的原有空气,依靠空气的浮力将它托起,放手后,孔明灯就会冉冉上升。它是除风筝外的另一个人造飞行物,

放飞孔明灯

虽然不能将人带到空中,但是它带着人们的心愿飞向了天空。每年的中秋节、元宵节,人们放飞的孔明灯,犹如繁星点点,在夜空中煞是好看。孔明灯利用热空气比冷空气轻的原理,把纸灯笼送上了天。在此前四百多年的西汉,就有人让鸡蛋壳升上天空。在西汉淮南王刘安所著的《淮南万毕术》一书里,提到借助燃烧着的艾蒿,可以让蛋壳飞上天空。具体做法是:用一个鸡蛋,敲开一个小孔,把里面的蛋黄和蛋清倒出来,然后把点燃的艾蒿放到蛋壳中,加热蛋壳中的空气,待大风来时,举到空中,蛋壳就会随风高飞而去。艾蒿是一种野草,干草可以当柴烧,碾成粉末后可作为香的燃烧剂。

十分可惜的是,古代中国没有人从孔明灯、升空的鸡蛋壳中,悟出能载人的热气球,也许是人们对这一现象已经习以为常,熟视无睹,没有人再去关注它。但是,在1500多年以后,法国的造纸商的儿子蒙戈尔费埃兄弟利用同样的原理,发明了载人的热气球,把人送上了天空,圆了人类飞天的梦想。

· 传说 ·

孔明放飞灯救围城

传说孔明灯是由三国时的诸葛亮发明的。当年,诸葛亮被司马懿围困于平阳,无法派兵出城求救。他就用纸糊灯笼,点上蜡烛,纸灯笼就徐徐升上天空,并随着风向飘向城外,将系在纸灯笼上的求救信号带出了城外,搬来救兵,结果脱险。后世就将它叫做"孔明灯"。另一种说法是因为它的形状似诸葛亮头上的帽子,因此,后世就将这种纸灯笼称为"孔明灯"。

省油灯

省油灯曾流行于唐至两宋时期,它就像是两个叠在一起的油碟,边沿密封,侧面开有一个小孔,从小孔中可向夹层里注入少量的清水,点灯时,可省油一半。这是由于在夹层里装了水,油灯点燃后,可以降低油灯的温度,避免油灯中的油料因温度升高而被挥发掉,从而达到省油的目的。

当年,南宋著名诗人陆游客居四川,在担任邛州天台山崇道观的主管期间,耳闻目睹四川邛窑烧制出的这种夹层省油灯,在他的《老学庵笔记》和《老学庵续笔记》等书中,对这种"省油灯"都有介绍。

1999年,在三峡库区的涪陵石沱墓地,北京市文物研究所三峡考古队发掘出一盏宋代的"省油灯",正如陆游描述的省油灯完全一样。它初看与普通油灯一样,但它的碟壁是一个中空的夹层,碟壁侧面有一个小圆嘴,用来向夹层注水。

另一种省油灯的设计是将灯的储油部分分隔成两部分,一部分用来放灯油,另一部分用来放水,这样灯点燃后,灯中的油因水的冷却作用,不会因温度过高而被蒸发掉,可以节省灯油,如一种摩羯灯。

摩羯是梵语,鲸鱼、巨鳌之类的东西,源自印度教,后成为佛教中经常出现的动物,其形状为尾巴后翘,鱼头仰天,鱼鳞及鳍纹凹凸嶙峋。通常以摩羯大鱼来比喻菩萨,寓意以爱念缚住众生,不到圆寂成佛终不放舍。摩羯鱼也是水神,常在海里游逛,拯救将沉的海船。在印度神话中,摩羯是一种长鼻利齿、鱼身鱼尾的动物。摩羯被认为是河水之精,生命之本,常为水妖所乘,屡作爱神迦摩之旗,也为夜叉所乘,是位恒伽

宋青花省油灯

女神。关于摩羯的传说,大约在4世纪传入了我国。

在辽宁北票北泉1号辽墓中曾出土过一件造型非常奇特的瓷器,开始人们把它作为一件水盂或水滴,后经人考证,它应是一盏灯具。灯具造型就是印度神话中的摩羯,因此称它为"摩羯灯"。摩羯灯的造型处理得非常巧妙,似鱼飞出水面,鱼嘴大张,下颚为器口。面塑圆眼,双翅高振,尾部翘扬。双翼划羽毛,腹壁刻鱼鳞。底为圈足,外撇。它的长鼻向后卷起,与向前伸展的尾巴靠在一起,既在后部形成把手,又在底部形成适合于灯檠的曲线,整个造型显得异常生动。

青瓷摩羯灯

在唐宋时期,中国发明的这种省油灯在世界上非常有名,英国学者李约瑟在他的著作《中国科学技术史》中就赞扬过中国唐宋年间的节油灯,并认为它是蒸馏冷却水与蒸汽循环系统的前身,西方到19世纪中叶才被认识。

走马灯

走马灯是正月十五元宵节上最受人们欢迎的彩灯之一。它的外形似宫灯(圆形或多边形),内有用纸黏成的一个轮子,上面贴有画好的图画。点上蜡烛,纸轮就会旋转起来,在灯罩外面就会出现人马追逐、物换景移的影像。元朝诗人谢宗可的《走马灯》诗云:"飙轮拥骑驾炎精,飞绕人间不夜城,风鬣追星低弄影,霜蹄逐电去无声。秦军夜溃咸阳火,吴炬霄驰赤壁兵;更忆雕鞍年少梦,章台踏碎月华明。"[1]在电影没有发明以前,看到的图画都是静止不动的,看到走马灯上的人物你追我赶,令进入现代以前的世世代代的人们着迷,尤其是对儿童有特别的吸引力。

走马灯很早就出现在中国了,秦汉时,称"蟠螭灯";唐朝称"仙音烛"、"转鹭灯";宋时称"马骑灯"。

据《西京杂记》记载,早在西汉高后八年(180),长安(今西安)有一个叫丁缓的能工巧匠,制作了一个"九层博山香炉",灯上刻有各种奇禽怪兽的图像,

---

[1] 谢宗可,等.四库文学总集选刊·元诗选(2)[M].上海:上海古籍出版社,1993:151.

当灯点着时，禽兽就会转动起来。这似乎是一盏结构非常复杂的走马灯。

后唐隐帝三年（950），陶毂的《清异录》上，对走马灯的描述：点燃一支蜡烛或一盏灯，就可以看到转动的画面，还可听到叮当的声音。蜡烛燃尽，画面和声音就会消失。

12世纪以后，西方人到中国看到这种玩具，感到非常神奇，就将它带到了欧洲。欧洲人称之为"神灯"。一个名叫法瑟·加布里埃尔·德马加尔汗的神父，保存有一段17世纪中叶欧洲人对中国走马灯的描述：每个灯都会有无数的灯烛，这些灯烛交相辉映，平静和谐。它制作得精巧迷人，灯光更增添了图画的美。烟雾使灯中人物更有生气，这些人物造型美妙，看起来像在走动、翻转和升降。你会看到马在奔跑、车在行进，还有土地被翻耕、船在航行、王公列成长队进进出出、众多百姓或步行或乘马、军队在行军以及戏剧、舞蹈等等，千姿百态……

走马灯

走马灯是一种供玩赏的花灯，在一个或方或圆的纸灯笼中，插一根铁丝作立轴，轴上方装一只叶轮，轴中央装两根交叉的细铁丝，在铁丝的每一端黏上人、马之类的剪纸。当灯笼内蜡烛点燃后，加热灯笼里的空气，由于热空气比冷空气轻，形成上升气流，从而推动轴上方的一只叶轮旋转，于是，人、马之类的剪纸，随叶轮转动。它们的影子投射到灯笼纸罩上。从外面看，便成为"车驰马骤、团团不休"（《燕京岁时记》语）之景况。

走马灯原理图

运用机械原理创制出来的玩具，不但丰富了人们的生活，也体现了中国古代高超的设计思想和创造才能。走马灯虽是个玩具，但其与近代燃气轮机的原理如出一辙。欧洲直到1550年才发明了燃汽轮，用于烤肉。后来，在西方的工业革命中，燃汽轮得到了发展，用于工业生产，产生了巨大的革命性的后果。燃气轮机及衍生而出的涡轮喷气式发动机、涡轮风扇发动机等被广泛地应用于发电、船舶、车辆、航空等方面，对人类经济、军事做出了不可估量的贡献。

我国古代劳动人民智慧可见一斑。但可惜的是，中国古代发现和利用空气驱动的原理制造的玩具，并没有能进一步加以研究，使之在生产活动中加以应用。走马灯同时也是现代投影灯（"幻灯片"）和电影的鼻祖。

王安石捡联获妻

宋朝的王安石是历史上有名的宰相，有一则"王安石捡联获妻"的典故，还与"走马灯"扯上了关系。传说，王安石23岁那年去赶考，晚上上街闲逛，见马员外门口的走马灯上有一联语："走马灯，灯走马，灯熄马停步。"显然，这是在等人家的下联。王安石看后，不禁拍手连称"好对！"他的意思是说这上联出得很妙。站在旁边的马家家人误以为王安石的意思是容易对，立即禀告员外。

这上联是马家为小姐择婿而出的，员外听家人说"有人说好对"，急忙出来找人，王安石却夸了一句就走了，令员外没有见到人。第二天，在科场上，王安石第一个交卷，主考官见他交卷这么快，就想试试他的才艺，就指着厅前的飞虎旗出一上联："飞虎旗，旗飞虎，旗卷虎藏身。"王安石不假思索地用马员外门前的"走马灯，灯走马，灯熄马停步"来对，自然又快又好，令主考官惊奇不已。王安石回头想起走马灯给他的机缘，忍不住又来到马家门前。马家家人认得他就是日前说"好对"的人，便请他到府中应对。有了主考官的飞虎旗，自然就好对了，马家当即就将女儿许配给他，并择吉成婚。正在举行婚礼时，报子来报："王大人高中，明日请赴琼林宴。"果真是"洞房花烛夜，金榜题名时"。王安石捡来两联，上应主考，下获贤妻，一时传为美谈。

林林总总的古灯

中国灯具经历了 2000 多年的演变，形成了一个五花八门的大千世界。就它的造型而言，尽管是五花八门，种类繁多，但仍可分成三类：

第一类是根据人或动植物的形状制作的，如人俑灯、羊尊灯、牛灯、朱雀灯、凤鸟灯、雁足灯、熊灯、龙形灯、狮子灯等等。这类形制的灯具大都造型生动，形态逼真，制作精细，装饰考究。

第二类是根据日常生活器皿的形状或有所变化制作的，如豆灯、三足炉灯、行灯、扺灯、耳杯灯、卮灯、盘灯、奁灯等等。这类形制

东汉男裸体俑铜灯

的灯具往往形式变化不大，装饰也较简单，但注重灯具的实用性。

第三类是娱乐性灯具，主要是增加节日的喜庆气氛，如龙灯、走马灯、宫灯、鳌山灯等等。正因为它不是在日常生活中使用的，所以不太注重实用性，而注重它的装饰性，所以这类灯具的式样也最多。

以后我们还要详细介绍各种造型的灯具，所以在这里不一一介绍了。

这里，我们主要介绍用各种不同材质制作的灯具。如果按材质来分，灯的

清代象牙宫灯

种类也十分多，几乎各种材料都可以用来制作灯具。但大致可分成金属材料和非金属材料两大类。金属材料如铜、铁、铅制成的铜灯、铁灯、铅灯等。非金属材料就更多了，如用玉、石、陶、瓷制成的玉灯、石灯、陶灯、瓷灯；用竹、木、纸、纱、麦杆等材料制成的各种彩灯。

陶　灯

陶灯是用陶土作原料，经过成型后，在800~1000℃的高温中烧制而成的。陶灯坯体不透明，有微孔，具有吸水性，叩之声音不清。陶灯最早出现在春秋战国时期。初期的陶灯发展十分缓慢，在较长的一段时间里，它的形制变化不大，造型十分单调。但是，到了东汉，陶灯蓬勃地发展起来了，它不仅形制多样，而且造型优美，制作精致，是陶灯发展的顶峰时期。

当时，由于我国的丧葬制度发生了变化，随葬的器物开始由陶器代替青铜器，陶灯也出现在两汉的墓葬中。尽管，陶灯只是作为随葬的明器，但是制作得十分复杂精致，装饰异常华丽，具有较高的艺术价值。

汉朝的陶灯形式繁多，不限于豆形陶灯，还出现了人俑陶灯、连枝陶灯、仿青铜器陶灯等造型别致的灯式，其中尤以人俑陶灯和连枝陶灯为最多。

在广州两汉墓中，曾出土众多的人俑陶灯，有女俑托灯，也有男俑执灯。它们造型各异，千姿百态。有的左脚前踞，右足后屈作半跪坐姿势，右手按在右膝上，粗壮的左手，高举托灯。有的双足后屈跪地，跣足，双手托灯置于头上。有的箕踞而坐，头上顶灯，举右手托灯底，左手作拈须状。有的双足后压，跪坐于地，除头上顶一个灯盘外，左手向上曲举托灯。有的作蹲坐状，两手相握置于膝上，灯盘顶于头上，可以说形象生动，姿态各异。

连枝陶灯是陶灯中最繁缛华丽的一种，在它的灯座上有一根灯柱，从灯柱上伸

汉墓中出土的各种人俑陶灯

出许多灯枝,灯枝的顶端安置一个个灯盘。根据灯盘数目的多少,有三连枝灯、五连枝灯、七连枝灯、九连枝灯、十连枝灯、十二连枝灯、十三连枝灯等多种。这种陶灯的灯体一般都比较高大,灯上的装饰简繁不一。连枝陶灯大都出土在东汉的墓葬中。在东汉,青铜灯的造型日趋简化,而陶灯的造型恰恰相反,变得繁复精致起来了,如1959年,在北京平谷县的汉墓中出土的一盏绿釉朱雀九枝连枝陶灯,高65厘米,直径39厘米,在灯的顶上有一只灯盘,盘中站立着一只展翅欲飞的瑞鸟,鸟的造型非常生动,象征着吉祥如意。灯座为喇叭形圈足,灯柱上有9枝曲枝,每一曲枝上有一盏灯盏,并用叶片做装饰,叶片采用火焰状,中间透雕成斜方格纹饰,灯盏在灯柱上分布,高低错落有致,互不遮挡,设计得非常巧妙。

汉绿釉朱雀九枝连枝陶灯

东汉陶百花十三连枝陶灯

在我国陶塑史上,秦汉是承前启后、继往开来的重要时期。秦汉时期的陶塑,在思想性和艺术性方面都开创了新的境界。另外,秦汉时期的陶塑制造技术也有了新的发展,采用了模塑结合的方法,并运用塑、捏、堆、贴、刻、画相结合,注重于细节的刻画,使陶塑形象生动逼真,具有明快洗练的写实风格。在秦汉时期,民间工匠将陶塑的制造技术移植到陶灯的制造上,出现了一批体现秦汉陶塑风格的精美陶灯。例如,汉彩绘百花十三连枝陶灯,不仅灯体高大,而且装饰繁复华丽。它高92厘米,直径40厘米,由灯座、灯盘、连枝和灯盏等构成。灯座为喇叭形圈足,上有陶塑的人物

东汉绿釉人俑陶灯

及动物数十个,个个神态各异、生龙活虎。灯座上的一个平底灯盘,盘中有一个圆孔,可以插入灯柱。灯盘的边沿有8个圆孔,相间插入4支曲枝和4支龙形饰件。龙形饰件上坐有羽人,头戴冠帽,身穿短裤;每枝曲枝上有一只灯盏。在灯柱上有三道凸箍,凸箍上有两道插有4支曲枝灯盏,灯盏用火焰花饰做装饰,曲枝上端坐有羽人。灯柱顶端有一盏朱雀形圆灯盏。整座灯具构成了一幅人神共处、人神共乐的景象。陶灯共有十三盏灯盏,故称"十三连枝陶灯"。

汉代制陶最重要的成就之一就是发明了低温铅釉陶。这种低温釉陶,是在陶器的坯体外面施一层赭黄、深绿、翠绿、茶黄和栗黄等色铅釉,然后,在700~800℃的火候下烧制而成。低温釉陶出现于西汉晚期,盛行于东汉。其中一种施以绿色铅釉的低温铅釉陶有着翡翠般的美丽绿色,其釉层清澈透明,釉面光泽强,表面平整光滑,光彩照人。但由于铅釉陶是在低温下烧制而成的,因此不能用于实用器具上,只能用于陪葬的明器上。在汉墓中出土的铅釉陶都是丧葬用的明器。

在两汉,铅釉陶的制造技术很快得到了发展和推广。在东汉的墓葬中出土过许多铅釉陶灯便是最好的证明。

1960年,在河北内丘县的东汉墓中出土过一盏东汉时期的绿釉人俑陶灯,高29.2厘米,色彩非常漂亮。人俑的造型也非常逼真,头上戴一顶尖角帽,身穿一件斜襟的大褂,一只右腿跪地,

绿釉陶鸟灯

另一左腿屈膝,左手执一盏像火炬似的灯具。人俑的造型显得矮小粗壮,有点像白雪公主与七个小矮人故事中的小矮人一样。

另外一盏施绿釉鸟形陶灯,它没有通常的灯柱和灯座,只有一只灯盏,做成飞鸟展翅状,灯盏中间有一乳状突起,用以插灯炷。

尽管,早在东汉就已经有原始瓷器出现,并且它的制造技术发展也很快,然而,陶器并未因此而停止发展。到了唐代,出现了一种三彩陶器,即"唐三彩"。

· 小知识 ·

唐三彩

唐三彩诞生至今已有1300多年的历史,它是盛行于唐代的一种陶器,因这种陶器上的釉色主要以黄、褐、绿三色为主,后来人们习惯地把它称为"唐三彩"。

唐三彩是一种多色彩的低温釉陶器,以细腻的白色黏土作胎料,用含铜、铁、钴、锰等元素的矿物作釉料的着色剂,在釉中加入很多的炼铅熔渣和铅灰作助熔剂,其釉色呈黄、绿、蓝、白、紫、褐等多种色彩,但许多器物多为黄、绿、褐色。

唐三彩采用的是二次烧成法。先将舂捣、淘洗过的白色黏土制成一定的形状,经过修整、晾干后,放入窑内,经1000℃左右的高温烧制,待冷却后,施以配制好的各种釉料挂彩,再入窑焙烧至850~950℃,使陶器上呈现出各种色彩。

唐三彩螺旋灯台

有的唐三彩还要进行"开脸"。所谓"开脸"就是有的唐三彩的人物头部是不上釉的,在烧制完成后,还要在头部画上眉毛、嘴唇、头发等。

唐三彩主要用作随葬的明器,在唐墓中十分常见。

1958年,河南洛阳的唐墓中出土了一盏唐三彩人荷灯,一个头束高髻,身着绿袍的女仆,手捧一盏荷叶灯,无论从制陶工艺,还是从造型艺术上来说都体现了较高超的水平。

在宋朝还有一种宋三彩，它是一种仿唐三彩的低温彩釉陶，是在素烧坯上施彩釉低温烧制而成的。它的颜色有灰、褐、绿或黄绿、白以及黄、绿、酱等多种。

青铜灯

青铜灯具大约出现于战国，盛行于战国中晚期至秦汉、两晋。现在，我们能看到的最早的青铜灯具大多是战国中晚期的制品，已十分精美。两汉时期是青铜灯的蓬勃发展时期，对灯的造型有很大的创造性发展，成为青铜灯式最繁多的时期。当时青铜灯的形制有取人及动物形状的人俑灯、羊灯、牛灯、象灯、朱雀灯、凤鸟灯、雁足灯，还有取形于日用器皿的豆形灯、盘灯、卮灯、三足炉形灯、簋形灯、行灯、拈灯、奁形灯、耳杯形灯等，前者形象生动、制作精巧，后者简朴实用。

战国铜象灯

战国、秦汉时期的青铜灯造型别致，有很高的艺术价值，它们不仅可以用来照明，而且还具有一定的欣赏和陈设价值。如战国的象形铜灯，造型粗壮，生动有趣，将灯盏放置在象的背上，灯与象结合得十分巧妙。

在商朝，我国对于大型复杂的青铜器的铸造已经巧妙地掌握了分铸和嵌铸技术，显示出了较高的工艺水平。这种先进的铸造技术也运用在战国、秦汉的青铜灯具上。西汉早期五枝连枝铜灯，采用分铸，然后铆合的工艺。这种制灯工艺不仅铸造简单，而且还便于拆装。

西汉早期五枝连枝铜灯

西汉鎏金羊形铜灯

战国、秦汉时期的青铜灯,在制灯工艺上采用多种装饰手段,使灯的外形十分华丽。远在3000年以前,我们的祖先就创造了在银和铜器具上鎏金的技术。鎏金就是把金溶解在汞中,制成浓稠状的金汞合剂,即金汞合金,然后涂在铜器表面,经过烘烤,汞被蒸发,金便留在器物上,久经不脱。在汉代,这种装饰工艺也应用在青铜灯具的制作上。至今已有2000多年的历史,如西汉的鎏金羊铅灯,仍然金光闪闪,耀眼夺目。

错金银是春秋时期发展起来的一种金属装饰工艺。青铜器经过这种工艺装饰之后变得非常精美华丽。所谓错金银就是用金银或其他金属丝、片嵌入铜器表面,构成花纹,然后用错石(即磨石)错平磨光。这种金属装饰工艺在战国时非常盛行,到西汉仍有不少错金银的铜器,但到东汉以后,这种工艺才逐渐衰落了。然而,在东汉的青铜灯具上仍有采用这种装饰工艺的,如错银铜牛灯,就是用银丝、片嵌入铜牛表面,构成精致的花纹,然后用错石磨平错光,使牛灯显得非常精致华丽。

汉时的青铜灯,除了在制作工艺和装饰技术上十分讲究外,在灯的设计上也十分科学、合理,有许多青铜灯采用瓦状灯罩以调节灯光的亮度和照射的角度,并用"出烟管"将烛烟导入灯内,使房内保持清洁,如三足双管釭灯,它分为盖和座上下两部分,可方便擦拭和使用。盖下是一个有长长把手的灯盘,置于灯座上,在中央有一个尖锥可以插烛。这种灯既能用于室内,又方便外出时使用。灯盖的下方有圆弧形铜制灯罩两片,固定在灯盘的槽内,可以开合,调节光线的强弱,称为"灯阴"。灯盖两侧的管道与灯座的管道相连,为烟炱通路,烛烟上升后,汇聚在盖内,经过管道缓缓下降。灯座的底部有三足,使灯放置很平稳。灯座内存放清水,烟炱下降后,渐渐落于水中。

汉代家居都席地而坐,室中往往悬帐,所以厅堂中的高烛,不能在居室中使用。

这种灯具既清洁又安全。主人熟睡后,可以将灯阴关小。一方面减慢燃烛,另一方面柔和的微光不会影响睡眠。

青铜器

青铜是以铜为主,并配以一定数量的锡、铅等其他元素制成的合金,因表面黝黑色而得名。

人类使用青铜器大约在前4000年,离现在大约已有6000年的历史。它在我国出现的时间,比最早使用青铜器的"两河流域"和古埃及稍晚一点。相传,我国在夏朝就开始冶铸青铜器了。传说,大禹用青铜铸造了9个青铜大鼎,象征着他统治下的九州。到了商朝,青铜器已在我国普遍使用了,出现了青铜工具、青铜兵器、青铜礼器等,并且青铜器的铸造技术也已达到了相当高的水平。1939年,在河南安阳出土的商代"司母戊大鼎",高133厘米,长110厘米,宽78厘米,重达875千克,它不仅是我国出土的最大青铜器,也是世界上最大的青铜器。进入战国以后,我国青铜器的铸造技术又有了新的发展,无论在艺术造型,还是在制造工艺水平方面都达到了新的高度。

瓷 灯

瓷器是我国的伟大发明之一。瓷器与陶器有着本质的区别:瓷器是用瓷土(含有高岭土、长石、石英等成分)作胎体,表面施有高温玻璃质釉(现代瓷器也有不施釉的),经1200℃以上的高温焙烧而成的。瓷器不吸水或吸水性很差,敲打时的声音很清脆。陶器是以黏土(含少量高岭土)作胎体,烧成温度不超过1000℃,胎体的表面不施釉或施有低温釉,胎体质地粗松,有吸水性,敲打时声音不清脆。在战国,我国就已经有原始瓷器,但是,真正的瓷器出现大约在东汉,距今1800多年。

由于瓷器比陶器坚固耐用,清洁美观,又远比铜、漆器的造价低廉,并且原料分布极广,蕴藏丰富,各地可以因地制宜,广为烧造,这样瓷器很快就获得了人们的喜爱,成为十分普遍的日常生活用具。

·小知识·

青 瓷

我国瓷器的发展经历了几个阶段,青瓷是最早出现的一种瓷器,也是由陶器演变成瓷器的第一个重要阶段。青瓷是因釉料中含有铁的成分,烧成后釉色呈青绿色而得名。它有"缥瓷"、"千峰翠瓷"、"艾色瓷"、"翠青瓷"、"粉青瓷"等多种名称。

早在商、周时期,我们的祖先就已经有用瓷土,并在器表施釉制作器皿了。尽管,这些器皿不能同现代瓷器相比,但它们已具备了瓷器的基本条件,属于瓷器的原始阶段,所以人们称它为"原始瓷器"。到了汉代,

西晋青瓷灯

"原始瓷器"逐渐进入了它的成熟期,出现了最早的瓷器——青瓷。青瓷的瓷胎较细,釉色光亮,釉和胎体结合较好,质量比"原始瓷器"有明显的提高。

青瓷自东汉创烧以来,经三国、两晋到南北朝获得了迅速发展,并且从南方扩展到北方,烧造技术臻于成熟,瓷器质量提高,装饰、造型丰富多采。青瓷灯、青瓷烛台也成了人们日常使用的瓷器。

1974年,考古人员在浙江上虞县百官镇出土了一件青瓷人熊灯。上虞县百官镇曾是我国最早烧制青瓷的地区之一,据考古调查,在战国时代,这里就已开始烧制青瓷了。到了汉代,上虞地区就有几处烧制青瓷的窑址,并具有相当的规模。这里原先是越人居住的地方,因此,这里的古代瓷窑又统称为"越窑"。

人熊青瓷灯是东汉时期早期的青瓷作品。它高47.8厘米,灯背面的釉下刻有"大吉祥"3个字的铭文。青瓷人熊灯在造型艺术上很有特色。灯座的人俑作坐状,头上顶有一只圆形

东汉人熊青瓷灯

直壁的灯盘，灯盘外壁用云纹图案作装饰。云纹图案是一种寓意吉祥的纹饰，它有高升如意的象征，在古代常用作青铜器、陶瓷、织物等的装饰，应用非常广泛。人俑的头呈长方形，瞪着一双大眼睛，咧着一张大嘴巴，似笑非笑，面部表情十分丰富。人俑的怀中抱着一头黑熊，人俑的膝盖上还有几只双脚站立的幼熊，形态十分生动有趣。

青瓷人熊灯是青瓷中的佳品，它既是实用的灯具，又是制作精美的工艺品。

西晋狮形青瓷烛台

三国、两晋时期，青瓷灯、青瓷烛台盛行动物造型，有羊形青瓷烛台、狮形青瓷烛台、辟邪青瓷烛台、熊形青瓷灯等。

江苏镇江出土的晋朝羊形青瓷烛台，与河北省满城中山国王刘胜墓中出土的羊形铜灯造型一模一样，昂首张嘴，身躯肥壮，四肢卷曲作卧伏状，形体健美，釉层青亮，不同的是羊形铜灯的羊背可以翻转搁在羊头上作灯盘，羊形青瓷烛台则是在额上开一圆孔，用以插烛。这个时期最有代表性的青瓷灯是南京清凉山出土的熊形青瓷灯。它由油盏、灯柱和灯盘三部分组成，灯柱作成熊形，蹲坐在承盘内，头顶和前肢托着油盏，造型十分生动，在承盘底部刻有"甘露元年五月造"的铭文（甘露之年为前53年），是一件有很高艺术价值的珍品。

到了东晋、南朝，青瓷灯、青瓷烛台造型趋于简朴，只是在圆筒形的灯柱上饰几道凸弦纹，有的承盘下装马蹄形三足，但灯柱细长，把灯盘托高，便于照明远处。例如，1972年在浙江余姚县的东晋砖墓中出土的褐色点彩三足灯，灯顶上是一个碗状的灯盏，外面用凸弦纹作装饰，中间是圆筒形灯柱，底下是承盘，有三只兽形足。

汉代，佛教开始传入我国，佛教艺术也开始影响瓷器的装饰艺术。莲花是佛教艺术题材之一。在南朝的青瓷烛台、青瓷灯中也有用莲花作装饰的，特别是在福建等南方盛行莲花形青瓷灯和青瓷烛台，充分显示了佛教的渗透力。

大约到了北朝的北齐，在北方出现了一种新的瓷器——白瓷。白瓷的出现，是继青瓷之后在我国瓷器制造技术上的又一重大技术突破，并且为今后彩绘瓷器的出现奠定了基础，是我国陶瓷发展史上的一个里程碑。

白瓷与青瓷虽同属青釉一个系统，但白瓷的烧制要比青瓷困难得多。由于瓷土中普遍存在铁的成分，如果瓷土中的含铁量超过百分之一，烧出的瓷器胎体的颜色就会变成青绿色。但烧制白瓷必须要胎白釉白,才能烧制出胎、釉洁白的瓷器。这样只有将胎料和釉料中的铁质除去,使它们的含量控制在百分之一以下。经过隋朝的发展,到了唐朝,白瓷的烧制技术已趋成熟,并形成了"南青北白"(即南方以青瓷为主,北方以白瓷为主)的局面。

随着白瓷的出现,白瓷灯具也应运而生,在北朝、隋唐、宋朝的墓中相继有各种白瓷灯具出土,如河南三门峡市出土的唐代宝装莲座长颈白瓷灯,造型漂亮,釉色莹明,极其精美。灯座似一只倒覆圆钵,有圈足,上面有莲瓣纹装饰,长颈用一圈圈轮纹装饰。

彩绘瓷灯

颈的上面有一个圆盘,盘中灯口为直口,可能是用来插蜡烛的。在北京丰台的辽墓中也曾出土过一盏白瓷灯,高12.3厘米,造型朴素无华,呈豆形。白瓷灯的灯下为直口,沿宽大,底为喇叭形圈足。

随着瓷的发展,又出现了黑瓷和彩绘瓷,瓷灯也相继出现了黑瓷灯和彩绘瓷灯等形式。

景泰蓝灯

清乾隆年间制作的一盏海晏河清灯就是用景泰蓝制作的,"海宴河清"意思是"国内安定,天下太平"。五代吴欧阳熙《龙寿院光化大师碑铭》中有"旋闻海宴河清,远播民舒物泰之句。"

海晏河清灯分为4部分,灯钎、灯盘、灯柱、底座。底座似一只盘子,盘下有3只脚;底座中央站立着一只展翅欲飞的小鸟,鸟的口中含一颗珠子,成为灯柱;小鸟的头上顶着一只灯盘,灯盘中间有一根蜡钎,似火炬状。灯盘和鸟身通体用金属扁丝扭转、弯曲和旋转成

清掐丝珐琅海晏河清烛台

林林总总的古灯

栾宝花纹图案，十分富丽堂皇，象征着国泰民安。

还有一种通镂景泰蓝蜡烛台，它有一般景泰蓝的富丽堂皇，但它的制作与一般的景泰蓝稍有不同。在烛台的部分表面，如花纹的框窝中不施珐琅釉药，好像图画中的留白一样，以金属的扁丝来勾勒出图案。在图案中再施珐琅。图案以外之处或留白、或局部烧焊掐丝的云纹装饰并敷以珐琅。留白处或镀金，或保持胎体本色，也有把胎体上镂空的。制作这种透镂景泰蓝特别需要高超的焊接技术，作为图案花纹框窝的金属扁丝与器物表面焊接成垂直的角度，焊剂需用适量。施珐琅釉药时更要特别小心，以免溢出图案框窝，万一溢出了图案的框窝就必需将其清除掉，然后才能将胎体放入炉火中烧制。

在清宫中，还有一盏掐丝珐琅菊花烛台，是明万历年间（1573~1619）制作的一盏书灯，放置案几上作看书之用。书灯是一种小型灯具，在古代灯具中也十分常见。

清锤胎珐琅烛台

掐丝珐琅菊花烛台放置在一只承盘内，承盘为宽沿、直壁、平底，盘沿做成菊花的花瓣状，承盘用三角雷云纹作装饰。承盘主要是用作积存从烛上流下的烛泪，这样就不会弄脏案几和放置在案几上的书籍。烛台做成圆筒形，上面有一根烛钎，可以插置蜡烛；两边各有一个耳朵，可以用来拿取烛台。

掐丝珐琅菊瓣烛台

· 小知识 ·

景泰蓝

景泰蓝是掐丝珐琅的别称。掐丝珐琅的制造技术早在元朝（13~14世纪）就已传入我国，但在元朝用这种工艺制造的器具还很少，只是到了明朝这项工艺才获得了发展，特别在明朝景泰年间（1450~1457）达到了顶峰。以后在制作这种器物时都以景泰年间制作的器物为标准，又因为当时制作的这种器物都是以蓝色作底色的，所以把这种掐丝珐琅器物称作"景泰蓝"。

掐丝珐琅是用金属丝扭转成花纹图案烧焊或胶着于金属胎上形成框格样的凹陷，然后将珐琅釉药（一种软玻璃，由硅砂、氧化铅、石灰、硼砂、苏打等）填充于图案之中，经烧制后，使珐琅熔化成完全透明并略带浅绿或浅蓝色，如果在熔融时再加入用作着色料的各种金属氧化物，就可制成各种颜色的珐琅，经过多次烧制和填加珐琅釉药，再经打磨等处理即成景泰蓝制品。景泰蓝可用于制作各种器具和工艺品，包括灯具在内的各种日用品。

木制灯具

清木制灯台

明朝是我国家具制作的顶峰时期。自古以来，我国家具一直是采用木材作为制作材料的，大概受家具制作的影响，在明清时期出现了木制灯具。这种木制灯具制作相当精致，而且又与室内的家具配套，放置在室内十分协调。

明清时期的木制灯具式样也不少，有台灯、灯台、宫灯、什景灯、花蓝灯等，但与室内家具配套的主要是灯台和台灯。

灯台是一种室内照明用灯具，与现代的落地台灯十分相似，它既可以不依靠桌子或椅子放置，又可随意搬移。放置在室内，与家具配套，还可起到陈设作用。台灯是室内使用的一种小型灯具，主要放置在书桌或案几上，相当于古时候的一种书灯。

灯台又分成固定式和活动式两种形式：

固定式灯台的灯座是一个十字形或三角形的木墩底座，在底座中间竖立起一根灯柱，灯柱的底部有4块或3块牙挟抵将它固定住。灯柱的上部有直端式和曲端式两种。直端式灯柱，其顶端有一烛盘，下用花牙作装饰，烛盘的中心有一烛插，可以用来插置蜡烛，外面再罩以灯罩。灯罩一般是用玻璃、牛角片或白瓷制成，有很好的透光性。曲端式灯柱，灯柱上端弯曲向下，灯罩则悬垂其下。

活动式灯台，其灯柱可以自由升降。其底座采用座屏式，在灯柱的下端有一根横杆，与灯柱成"丁"字形，横杆的两端有两个榫头，可在座屏式底座两侧的长槽内上下滑动。灯柱从底座上的一根横档的圆孔中央穿出，孔旁有一块下小上大的楔形木块。当要升降灯柱时，先将楔形木块拔出，在灯柱升降到需要的高度后，再将契形木块插入孔中,固定灯柱。灯柱的上端与固定式灯台的灯柱上端一样,也有一烛盘,除了用以插蜡烛外,还可承托灯罩。

宫灯、什景灯、花蓝灯都是用作室内点缀装饰的,兼作室内照明之用。宫灯一般悬挂在厅堂梁上,体形较大,用硬木做成框架,在周身嵌绢画或玻璃,考究的宫灯还在木框架上用牙雕、珐琅、漆雕作装饰,十分华丽。什景灯和花蓝灯一般用于厅、轩、廊、榭、亭等处的装饰。

清紫檀宫灯

石 灯

东汉石灯

石料是人类最早使用制作生产和生活用具的材料,但用石料制作灯具不多见,这或许是因为灯具出现相对较晚,人类已经掌握了比石料更好的材料,或许由于石料太笨重,而灯具常常需要搬动,用石料制作的灯具会给使用带来不方便。因此石灯非常少见,但也不是没有。

明唐之淳的《咏高丽石灯》:"窍石烛幽遐,虚明讵异纱。琢从箕子国,垌向竺王家。耿耿知悬烬,亭亭讶作花。定余神自照,经残漏欲赊。愿持明慧境,扬彩遍河沙。"[1]可知,石灯是一种采用高丽窍石(有孔洞的石头)制成的,窍(孔洞)内置灯油,因石质的不同,光色各异,白色为月灯,红色为日灯。原存陕西干县西湖村的一座寺庙中的一盏唐代供养石灯就是一件十分优秀的作品。

"供养"在佛教中是指以香花、灯明、饮食等资养三宝(佛、法、僧),就是礼佛,或施舍僧人、斋僧的意思。"供养石灯"就是由信徒捐钱修建,并资以日常的香花钱。这盏石灯高193厘米,共分上下9层,每层大小厚薄都不同,而能在整体中各见所长。以类似博山炉的群山作底座,由4条盘旋的蟠龙构成灯身,用丰满的莲瓣

---

[1]唐之淳,等.列朝诗集[M].上海:上海三联书店,1989: 221.

唐供养石灯

承托灯室和顶盖，十分惹人喜爱。灯体的各层布置错落有致，有对比，又混然一体。灯室的直线和莲瓣的弧线，龙的角爪和云朵的柔曲都是呈鲜明的对比，整个灯身给人有节奏的音乐感，像是一首庄重有力的韵律悠扬的乐曲，是一件少见的精品。

在山西太原西南20余千米龙山上的童子寺中，有现存最早的一盏石灯的遗物。童子寺为北齐天保七年（556）僧宏礼禅师创建，相传有两童子在此隐居修行见山石俨似世尊，遂镌佛像，此寺因名童子寺。后经多次兵火，虽经明嘉靖元年（1522）重建，但寺内建筑及石雕佛像等都早已不复存在，只存寺前的燃灯石塔。此石灯虽经历了1400余年，但它的风采依旧。童子寺石灯高412厘米，石灯的基石为平面六边形，上立一圆形基座，基座的下部雕有6根小柱，基座向内收进，作成束腰装饰，又好像是龙盘绕的雕饰，因年代久远，风化严重，已辨别不清。束腰之上作成六角形平盘，与基座构成灯座。灯座约为全灯高度的一半。灯座上是一个六角形的灯室，灯室三面开门，但东偏北一处的门楣已风化塌落，门已无法辨认。在灯室的外壁和门额上均有雕刻装饰，但因年代太远，风化十分严重，雕刻的装饰已无法辨认，不过在西南面还可看到2尊石刻的佛像，虽其头部已严重风化，但佛像上的衣纹、姿态仍可看清，非常挺秀流利，确是北齐石刻的风格。六角形灯室上覆盖一屋顶，屋檐微微上翘，但坡势缓和，似早期屋顶的样子。顶中央收缩成一个六角形的小顶，中间透空，大概是当时燃灯时，灯光由灯室上的三

三国石猴顶灯

滑石莲花灯

扇门中射出,烟气则由顶上的孔道排出。这盏石灯比例恰当,造型美观。

这种造型的石灯,在现代的日本和韩国十分流行,常常作为他们庭园中的装饰。

石灯主要流行于魏晋南北朝时期,除了寺庙所用外,还用于墓葬。1965年,在山东济南的一座东魏墓中出土了一座滑石莲花灯。墓的主人是东魏邓恭伯的妻子崔令姿。崔令姿死于528年,10年后才下葬。这盏滑石莲花灯是置于墓中的随葬品。它雕琢得非常精细,灯盏似一朵盛开的仰莲,灯柱雕成竹节状的八角柱,灯座是一朵倒覆的莲花,上下对称。

石灯作为日用灯具,比较少见,1959年,河北邯郸市的一座东汉墓中出土的一盏石灯,其造型与高足豆灯相仿,底座是圈足,中间为灯把手,雕刻有3条凸纹,上面是一个圆形的灯盘。灯高19厘米。

此外,还有用铁、玉、玻璃、锡等材料制作的灯具,但因使用不是很广泛,所以不一一作介绍了。

唐石灯

美不胜收的人俑灯

清和田玉人形双葵烛台

人俑灯出现于战国的中晚期，历经秦汉后，虽然人俑铜灯已经很少再见到了，但是，陶瓷的人俑灯还是不少见，如唐三彩的人俑灯、明清时的人俑瓷灯、清时的人俑玉灯等。

早期的人俑灯，虽然男女都有，但一般都是侍女、男仆，模样均为屈服从命的姿势，表明他们的身份都很卑微。后来，灯上的人俑发生了变化，多样化了，有外族的官吏、生动活泼的儿童，甚至出现宗教人物，如明时的菩萨瓷顶灯、清时的竹雕释迦牟尼佛灯以及西王母陶灯等。

人俑持灯的方式也有各式各样：有站立，张开双臂将灯举过头顶的；有跽坐，两手托灯在前面的；有左手持灯，右臂侧举，袖口下垂成灯盖的；有半跪，左手按膝，右手执灯的；有作游泳状，双手托灯的；有将灯盏顶在头上的；有骑在兽背上，双手举灯的……真可谓琳琅满目。

人俑灯的大小差别也很大，小的人俑灯，高仅12厘米，大的人俑灯，高达66.4厘米，两者相差5倍。

人俑灯有用铜制的、陶制的、瓷制的、玉制的、竹制的等等。实用的人俑灯大多为铜制的和瓷制的，陶制的多数为陪葬的明器，少数玉制的主要用作摆设。铜制的人俑灯大多是当时宫廷和贵族之家使用的器物，不仅造型优美别致，制作精巧，往往有华丽的装饰，如通体错金银，或在人俑服饰上加绘黑、红色漆的图案花纹，即使是陶制的明器灯具，有的制作也很精致豪华，仍不失为一件精美的艺术品。

银首人俑铜灯

河北平山县原先是春秋战国时期中山国晚期都城灵寿。20世纪70年代中叶，在它北面的滹沱河岸边的灵山下，发现多座中山王陵。1978年6月，考古人员在其中一座中山国古墓中出土了一件银首人俑灯，造型非常优美别致，是铜制人俑灯中的精品。

银首人俑灯是中山古国王族所用的器物，因此，灯的装饰十分华丽富贵，制作十分精致。人俑的头是用银制作而成的，头上嵌以黑宝石作目珠，灯的通体饰以精细的错金银纹。在人俑的服饰上饰以精致复杂的卷云纹，并填上黑漆、红漆，获得华贵的色彩对比。

铜灯上的人俑是一名男性，直立在一个兽纹方形座上。它的身体各部分比例十分匀称，五官、发式、衣着等都精细入微。

战国银首人俑铜灯

头上的发髻，工整细致，发顶上盖帻（帻为古人包头的头巾）。用帻包头，中间露出头发。在古代，发顶上盖帻的人，一般都是家仆、奴婢等地位低下的人。这表明这个人俑的身份十分低微，似奴仆、家佣。帻在头后右侧上打有一个花结，系帻的缨带结于领下。银首人俑的面容呈粗眉、短须、高鼻，嘴角微微上翘，双目炯炯有神。身上穿着深衣，深衣分为"直裾"和"曲裾"。"直裾"就是衣襟呈直边，有一条边垂直于地面；"曲裾"就是衣襟的边呈尖角状，穿衣时将衣襟在腰间盘绕，用腰带固定。人俑穿的是"直裾"深衣，腰间用带钩束腰，衣服上的卷云纹饰，用朱、黑漆填色。

人俑的形象刻画得如此精细美妙，神采奕奕。它的扁脸高额，浓眉短须，像是古代北番狄人的模样。但头顶蓄发隆起，以带束髻，与中原地区的汉人打扮十分相似，这或许是因中山国内鲜虞与华夏杂处，民族之间发生融合的缘故。

银首人俑铜灯上，共有3个灯盘，通过3条蟠螭，将3个灯盘连成一个整体。蟠螭是古代传说中一种没有角的龙，工匠用它作器物的装饰，以示吉祥。人俑张开双臂，右手握一蟠螭，此蟠螭口衔错银灯柱，柱上绕以浮雕的小蟠螭，另外还有一只攀援的小猴，由下至上呈龙逐猴状。灯柱顶上的灯盘中，有3个灯钎，用以插灯芯。人俑的左手握有一蟠螭尾，螭首承托一个灯盘，其下也有一蟠螭，卧于下面作为底座的最大灯盘中，左侧的两只灯盘，上下并非垂直重叠，而是略有交错，每个灯盘中都有3个灯钎。

银首人俑灯的灯杆和灯盘都可以拆卸，整个灯高66.4厘米，3个灯盘在空间位置上安排非常巧妙，前后高低，错落有致。当3个灯盘点燃后，高柱上的灯盘主要用作照明，另外两个灯盘除作照明外，还映照着人俑的银首和填漆的衣纹，以及嵌绿的蟠螭身，色彩十分绚丽，实用性和艺术性在银首人俑灯上得到完美的结合。

跽坐人俑漆绘铜灯

跽坐是一种双膝着地，两股贴于两脚跟上，上身挺直的坐姿。这种坐姿在战国时期十分流行。在人俑铜灯中，持灯姿势以跽坐作为造型的有很多，如河北满城出土的西汉"长信宫"铜灯，就是以一个宫女作跽坐持灯状的，而河南三门峡市战国墓中出土的跽坐人漆绘铜灯则是一个武士模样的人俑作跽坐持灯状。

战国跽坐人俑漆绘铜灯，由跽坐人俑、灯柄和灯盘3部分组成。跽坐人俑跪坐在一块长方形的底座上，它的打扮完全是一个武士模样，头梳发髻，右额上带有一个发饰，下颚系一条带子，身着右衽（衣襟）掩膝的长袍，腰中间束一条宽带，带上装有钩饰，双手伸于胸前，手持一个方銎（类似斧头上的方孔）。方銎内可插入Y形的灯柄，灯炳上托着一个灯盘，灯盘高过人俑的头顶。灯盘呈圆环凹槽形，盘内有3个尖钉形的支钉，可以同时插3支灯炷，灯盘直径为23.7厘米。灯盘外缘髹有三角形漆彩，灯柄表面原也髹有朱色漆彩。跽坐人俑漆绘铜灯高达48.9厘米，重为7.5千克。

跽坐人俑漆绘铜灯在制作工艺上有许多特点：它采用了当时先进的分段铸造，然后再铆合在一起的工艺技术。灯中跽坐人的头和身体是分段铸造而成的，并通过铆合成一个整体，同时灯盘和灯柄也分为上下两段铸造，然后再通过铆接和榫卯套扣的方法与跽坐人合成一体。采用这种方法的优点是：制造方便，可以用较小的设备来制作大型灯具。由于采用了榫卯套扣，使拆装变得非常容易，跽坐人俑漆绘铜灯可以拆成几个部分，这样在搬运

战国跽坐人俑漆绘铜灯

时，可以分散包装和搬运；在使用时，通过铆接和榫卯套扣能迅速地将灯的几个部分组合成一个整体。这无疑在当时是一项先进的技术。

另外，踞坐人俑漆绘铜灯上采用涂漆工艺。涂漆工艺虽然在新石器时代就已经被应用，但战国时期是我国涂漆工艺史上的一个重要发展时期。在铜灯上涂漆不仅可以增添灯具上的色彩，而且对灯具有防止锈蚀的作用。这表明我国在很早就已掌握了金属的防腐蚀工艺，是一项了不起的创造。

铜人擎双灯

铜人擎双灯是战国时期的铜制灯具，20世纪50年代后期，在山东诸城葛埠口村被发掘出土。山东诸城原先是春秋时期鲁国的地方。

铜人擎双灯的造型很有特点，灯座是一条蟠曲的龙身。在龙身上站立着一个身穿短服的铜人，作为铜灯的灯柱。在封建社会，龙是一种皇权的象征，用龙作造型的器物只有皇族人员才能享用。如果让一个身穿短衣的平民百姓站在龙身上，这是要犯上的，将会有杀身之祸。但在青铜器时代，龙的地位还没有那么显赫。有的说，它只是一个水神，水中的灵物而已。另一种说法，它只是天象的象征，如"飞龙在天"的说法，以飞龙来象征宇宙的星宿。在那时候，龙只是被看作是一种自然力的象征，而加以崇拜。在人们的心目中，龙的地位也只是一种吉祥物，所以，在青铜器上常常会出现以龙作的装饰。

铜灯中的人俑造型完全是一个在达官贵人家做工的人的模样，身穿短衫衣裤，腰间束一根带子，双臂伸开，两手各执一根弯曲的灯柄，灯柄用竹子形状作装饰。灯柄与铜人的手用子母榫口连接，不用时可将灯柄拆下。灯柄上承托一只直径11.5厘米的灯盘。灯体通高21.3厘米。人俑的造型很生动，脸上微带笑容，站立的姿势也很自然。尽管，灯盘显得很大，人俑很小，但也没有使人感到不舒服。这表明古代人在灯的造型中已掌握了人的审美心理。

铜人擎双灯的装饰虽然并不很

战国铜人擎双灯

华丽，但制作很精巧。灯具的整体安排相当合理。两个灯盘的上下错落有致。同时，由于灯盘较大，灯柄不采用直柄，而改用弯柄，使两个灯盘能相隔一定距离，扩大了灯的照明范围。

铜人擎双灯还配有一只长22.7厘米的长柄铜勺，铜勺略呈椭圆形，供加灯油之用。

人骑骆驼铜灯

湖北的江陵县地处长江北岸，县城北5千米的纪南故城，是春秋战国时期的楚国都城郢的故址。自楚文王"始都郢"至楚顷襄王二十一年秦将白起攻破郢城，有二十代楚国国王在此建都，历时400年之久。郢是楚国的政治、经济、文化中心，为当时南方的第一大都市。在江陵县城外至今还保存着当年王公贵族的大小墓冢700余座，小型楚墓更是数以千计。1965年，考古工作人员在江陵县望山楚墓2号墓中出土了许多战国时期的珍贵文物，其中有一件人骑骆驼铜灯，虽然无华丽的装饰，但骆驼的形象在先秦的青铜器中是极为罕见的，因此更为人们所注目。

骆驼又称骆驰、橐他、橐驰等。骆驼生活于南亚、中东及非洲北部等热带沙漠地区，有"沙漠之舟"的赞誉。它头较小，颈粗长，弯曲如鹅颈。躯体高大，体毛褐色。它的最大特点是极能忍饥耐渴，背上的驼峰在没水的生存环境中存活2周，在没有食物的生存环境中则能生存1个月之久。骆驼有两种：一种是双峰骆驼，现在生活在亚洲中部的高原地带；另一种是单峰骆驼，现在主要生活在南方印度、中东和非洲北部。但在我国中原地区并无沙漠，所以骆驼在古代中国是一种珍奇异兽。《山海经》中说："其兽多橐驼"，郭璞注说："有肉鞍，善行流沙中，日行三百里，其负千斤"[1]。现今地处南方的江陵，已无骆驼可见。人骑骆驼铜灯中的骆驼是一种单峰骆驼，可能在中国春秋战国时期，长江以南的南方因文化、经济交流等原因曾有过骆驼的活动。这盏人骑骆驼铜灯的发现，

楚人骑骆驼铜灯

---

[1] 二十二子·山海经[M].上海：上海古籍出版社，1986：1349.

也为动物学家研究骆驼的分布提供了新的研究资料。

人骑骆驼铜灯呈素面黑褐色,高 19.2 厘米,属中型灯具。它分为长檠灯盘和人骑骆驼灯座两部分,长檠灯盘与灯座可以拆开,为分别铸造,然后用铅锡合金焊接成一体。灯座上的铜人昂首直腰骑坐在骆驼上,头大脸圆,目视正前方,双腿屈膝弯足贴于骆驼的两侧,双手屈肘前伸捧着一根带节的圆形灯柄,像一名手捧供奉的仪仗队士兵,造型十分生动逼真;骆驼四脚分开,站立在一个长方形的铜座上,骆驼的头昂起前伸,弓背垂尾,双眼注视着前方;骆驼的颈下及前腿上用斜线纹装饰,以为骆驼绒毛。灯柄上有一只盆状灯盘,直径为 8.8 厘米,深为 1.7 厘米,呈敞口,中间有一个高 1.6 厘米的尖形烛钎,比用于插灯炷的高。灯盘下的灯柄,长 9.8 厘米,可以插入铜人两手捧着的圆管中。

人骑骆驼铜灯的造型很特别,它选择了一个从上往下看的视角,而不像一般灯具的造型所采用的平视手法。因此,最高的灯盘做得特别大,人俑也作了夸张,头部比身体大,人俑比骆驼大,骆驼相对来说,个体显得比较小。这样尽管在灯盘、人俑、骆驼的比例上很不协调,但是,会给人产生一种由上往下俯视的感觉,也十分有趣。这盏灯的造型艺术是很成功的,也反映了当时的制灯工匠已经懂得了在造型艺术中应用透视的原理。

"长信宫"铜灯

"长信宫"铜灯是一件十分罕见的古代艺术珍宝,它是目前已发现的汉代最精良的铜灯之一,充分体现了我国古代劳动人民的精湛技艺。"长信宫"铜灯出土于河北省满城县的西汉窦绾墓中。1968 年,在河北省满城发现了两座西汉古墓,一座为西汉中山靖王刘胜的墓,一座为刘胜之妻窦绾的墓。

据历史记载,西汉中山国靖王刘胜系景帝刘启之子,在景帝三年(前 154)被封为中山王。中山国在西汉 20 多个诸侯王国中是比较大的一个,仅次于信都、广平两国,人口仅次于淮阴国而居第二。因

西汉"长信宫"铜灯

此，墓中出土的器物无论是数量上，还是质量上，在已发掘的汉墓中都是罕见的，其中不少是首屈一指的精品，如"长信宫"铜灯。

"长信宫"铜灯的造型很别致，一个跽坐的宫女全神贯注地双手执着一盏灯，在为主人照明。它既是一件精妙绝伦的陈设，又是一件可供实用的灯具。"长信宫"铜灯高48厘米，通体用铜制作，外面鎏金。"长信宫"铜灯大约制作于前173年至前159年之间，至今虽有2000多年的历史，但仍保持金光闪闪，耀眼夺目。

"长信宫"铜灯的制作十分精巧，全灯由头部、身躯、右臂、灯座、灯盘和灯罩等6部分拼合而成，灯座、灯盘和灯罩还可以拆卸。

宫女的形象极其生动，她面带稚气，头梳发髻，发上覆巾帼，面型、体态栩栩如生，衣着上的波纹和线条逼真优美。宫女上身挺直，双膝着地，赤足，足尖抵地，以撑全身。右臂高举，袖口形成灯顶，肘部可以拆卸。整个右臂与灯罩上方的烟道相通，烛光燃烧时产生的烟雾，可通过烟道和宫女的右臂进入宫女的体内，使烟灰附于宫女体内，以保持室内清洁，十分科学。宫女的左臂伸向右方，手持灯盘。

灯罩由内外两片弧形屏板组成，可以开合，调节灯光的照度和照射方向。

灯盘直壁平底，壁分内外两层，形成一圈凹槽，灯罩的两片屏板嵌于凹槽中，可以左右推动。盘心有一个支钉，可以插置灯炷。灯盘有一个方鋬柄，可安装木柄。

灯座分上下两部分，可以拆卸。上部可以直接插入灯盘底部。下部的盘口与上部的座底相扣。宫女左手紧握灯座底部的圆形座柄。

在"长信宫"铜灯上刻有"长信"字样，该灯因此而得名。长信宫是景帝的母亲窦太后居住的宫殿。根据灯上的铭文，此灯曾几易主人。有人认为，它的最早主人是汉文帝元年被封为阳信夷侯的刘揭或其子中意。刘揭死后，其子中意因"有罪国除"，此灯归"长信宫"尚浴府使用，后又由窦太后赠于窦绾。窦绾是汉景帝的儿子刘胜的妻子。但也有人认为，灯上刻有"阳信家"的铭文，阳信家是阳信公主之家，阳信公主是汉武帝刘彻之姐，他们都是一家的眷属。长信宫是汉武帝之母所居住的地方，所以"长信宫"铜灯应为刘彻祖母所赐或阳信公主转送，不应是刘揭或其子中意的东西。

当户铜灯

"当户"铜灯是西汉诸侯中山靖王刘胜陪葬的器物之一，在灯盘的壁上刻有七个字："御当户锭一第然于。"铜灯的"当户"之名得于灯盘壁上的铭文。

"当户"系匈奴的官名。《史记·匈奴列传》中有："然至冒顿而匈奴最强大，尽服从北夷,而南与中国为敌国,其世传国官号乃可得而记云。置左右贤王,左右谷蠡王,左右大将,左右大都尉,左右大当户,左右骨都侯"[1],意思是到了冒顿单于时,匈奴势力最强大,使北方夷人完全服从他的统治,而与南方的中国成为敌国,此后,他们的世系,国家的官位名号才能被记录下来。匈奴设置了左、右贤王,左、右谷蠡王,左、右大将,左、右大都尉,左、右大当户,左、右骨都侯等官位。

《汉书·宣帝纪》中有:匈奴呼韩邪单于来朝,"使有司道单于先行就邸长安,宿长平。上自甘泉宿池阳宫。上登长平阪,诏单于毋谒。其左右当户之群皆列观,蛮夷君长王侯迎者数万人,夹道陈"。孟康曰:"左右当户,匈奴官名。"[2]

西汉"当户"铜灯

当户铜灯是以匈奴官吏(当户)模样制作的一盏人俑铜灯。虽然它装饰无华,但是造型古朴优美,制作精巧,表现了一定的工艺美术水平。

灯的造型为一人俑作托灯状。人俑穿着一身胡服,短衣直襟,左边袒开,胸部束一腰带,手有臂衣,脚着长靴。人俑作单腿跪伏,头向后微仰,两眼向上目视,嘴唇张开,微露笑容,表示出十分高兴的样子。左手安在左膝上,右手高高举起一只灯盘。灯通高 12 厘米,灯盘直径为 8.5 厘米,敞口,直壁(壁高 1.6 厘米),平底,盘心有锥状支钉。灯盘和人俑分别铸造,灯盘和人俑的右手连为一体,人俑的右手通过铆合与人俑的身体连为一体。

当户铜灯在设计上也十分科学,为了防止铜灯倾倒,将"当户"身着的衣服后部束成长尾状,并让它拖曳于地,成为灯的另一"足"这样可以既增加灯座的稳定性,避免灯座放置不平而使灯倾倒,又使灯的造型更生动逼真。

人俑铜吊灯

人俑铜吊灯,大约制作于东汉后期。它造型奇特,美观新颖,是一件独具匠

---

[1] 二十五史(1)·史记[M].上海:上海古籍出版社;上海书店,1986:319.

[2] 二十五史(1)·汉书[M].上海:上海古籍出版社;上海书店,1986:391.

东汉人俑铜吊灯

心的工艺品。在我国传世的和出土的文物中，这样的器型十分少见。它不仅在工艺美术史上是值得珍视的一件珍品，也是史学研究中有价值的珍贵实物资料。

这具铜灯的人俑造型很别致，像是一个少数民族男子模样，体形不高，头形开阔，额角突出，头发卷曲束髻，鼻子高大，眼窝深凹，嘴唇宽厚。人俑全身裸露，仅腰间围一条狭带。两手向前托持一只扁圆形灯盘，两脚平伸向后，很像在水中游泳，形态活灵活现。人俑中间空心，可以让灯盘中的融熔烛膏液流入它的胸腹和四肢，实际上，人俑是一只储存烛膏液的储液箱。

在人俑身上有3个系钮，用于连接3条可以脱卸的悬链。悬链上有一乳状盖面，盖顶立着一只孔雀，作欲开屏状，但又保持着舒展的站立姿势。孔雀的尾部竖起，尾端卷成回形，以示翎毛的眼斑，表现手法十分简洁。乳状盖下的3条悬链使吊灯保持平衡。人俑铜吊灯的重心在人俑头部附近，从盖面上看去仿佛是一具悬棺。

人俑铜吊灯的灯盘设计得也很巧妙。灯盘呈扁圆形，盘心有锥状支钉，可以插灯炷，支钉旁有一方形小口，当灯盘中的烛膏液积深至5毫米时，就会从这小口中流入人俑身中。

人俑铜吊灯的结构并不复杂，但构思巧妙，设计上也很合理。例如，盖面与灯盘不在同一条垂线上，所以，它不会受烛烟污染。盖下的3条铜链不会挡住正面的灯光。人俑作裸体状，表面光滑，少皱褶，不易积灰积垢，容易擦洗。另外，在人俑的腹部开有一扇小门，可以将流入人俑体内的烛膏液取出，小门装有反扣，可以自由启闭。

羽人铜灯

羽人是一种带有羽翼的仙人。《山海经》中说："羽民国在其东南，其为人长头，身生羽。一曰在比翼鸟东南,其为人长颊"[1]。郭璞注曰:"(羽民国人)能飞,不能远,卵生,画似仙人也",意思是羽民国生长在(南山的)东南方,羽民国的人长着一颗像鸟一样的头,身上长满了羽毛。另一种说法是羽民国生在比翼鸟的东南方,他们的人面颊尖长,像鸟儿一样。

据《汉语大词典》的解释:"羽人",一、古官名。《周礼·地官·羽人》:"羽人掌以时征羽翮之政于山泽之农,以当邦赋之政令"……二、神话中的飞仙。《楚辞·远游》:"仍羽人于丹丘兮,留不死之旧乡。"洪兴祖补注:"羽人,飞仙也。"晋王嘉《拾遗记·唐尧》:"贯月查,亦谓挂星查,羽人栖息其上。"三、道家学仙,因称羽人寄柴荆……[2]

在灯具上,用羽人作造型,多数因为羽人是仙人。羽人铜灯也因灯上有一坐着的羽人而

东汉羽人铜灯

得名。这种形制的铜灯在东汉时期的南方是十分流行的,曾先后在广西梧州鹤头山、云南昭通白泥井和广东的广州等地的东汉墓中出土过。羽人铜灯通常由灯座、羽人灯柱和带柄的灯盘等3部分组成。

1973年从广西梧州鹤头山东汉古墓中出土的一件羽人铜灯,高30.5厘米,底径12.8厘米。灯的3个部分保存十分完整。

羽人铜灯的灯座呈倒覆喇叭状,边沿有锯齿状的纹饰,灯座表面用浮雕装饰,图案为3名勇士各骑一头怪兽在飞跃奔腾。灯座顶上有个圆孔,可插入羽人铜灯的灯柱。

灯柱上的羽人,是一个高鼻子,大眼睛,身披两翼大羽毛的人。它双手垂前,擦膝,双膝跪地作跽坐状。羽人头上有一根椭圆形的龙首柄,龙嘴里衔着一根小圆柱,可以插入上面灯盘中央的套管里,使灯盘旋转自如。

灯盘为敞口,直壁,平底,中心有一支钉,盘壁外侧有一扁平錾手柄,底下还有3只脚。这种灯盘可以从龙首柄上取下,单独使用,或拿在手中作为行走时的照明工具,或者放在桌上用作照明。因此,这种形制的灯盘也叫行灯,在西汉中晚期和东汉早中期都十分流行。

---

[1] 二十二子·山海经[M].上海:上海古籍出版社,1986:1369.

[2] 罗竹风,等.汉语大词典(9)[M].上海:汉语大词典出版社,1990:635.

人骑兽形铜灯

人骑兽形铜灯是 1958 年，南京博物院征集到一件铜灯。它通高 19 厘米，长 19 厘米，用铜一次浇铸而成。骑在兽上的人俑，双目内凹，高鼻垂耳，长脸，很像胡人；上身裸露，下穿长裤，双手平举，一手微握作执物状，一手掌残。人俑的两眼微睁，嘴唇紧闭，神态严肃，双腿骑在一只"虎头狮身"的

南朝人骑兽形铜灯

神兽——"辟邪"上。头顶上插有一圆管形帽，帽端有一片方形铜片，中有一个小孔，可以用来插蜡烛。"神兽"全身肌肉饱满，筋骨突出，昂首张口，双目圆瞪。人兽整体配合得十分协调，显出壮严雄厚的姿态，俨然像神话世界中一座完美的青铜雕像。

三国人骑兽形铜灯

西晋人骑兽青瓷烛台

它与北京故宫博物院所藏的一件西晋人骑兽青瓷烛台十分相似，骑在兽上的人俑，头戴圆筒高帽，帽端有孔，用来插蜡烛。人俑的坐骑也是一头"虎头狮身"的神兽——"辟邪"，形制与人骑兽铜灯十分相似，所以，人骑兽铜灯，也应是插烛的烛台。

1964年，安徽合肥也曾出土过一盏三国时的人骑兽铜灯，通高16.5厘米、长13厘米。铜灯的形状为骑于兽背上的人，高鼻大耳，右手持一个圆灯管，左手托一圆灯盘，头顶心置高冠灯管。兽有双翅，头顶生羊角，张口垂舌，下颌长须，四条腿直立，做行走状。兽腹中空，两灯管皆通于腹腔。

"辟邪"是古代传说中的一种神兽，形似狮，头有角，身有翅，具有祈福祛邪的作用。因此，有人认为，这盏人骑兽形铜灯，正是一位方士或巫师身骑神兽——辟邪，擎烛做着祈祷的样子，反映了东汉晚期道教的盛行。

跪地人俑铜灯

汉跪地人俑铜灯

人俑铜灯中的人俑大都表现出一种屈从的姿态，跪地人俑铜灯中的人俑表现得尤为淋漓尽致。

在贵州南部兴仁县的汉墓中曾出土过一件跪地人俑铜灯，人俑作跪地状，灯高26厘米（残缺高度）。这件跪地人俑铜灯中的人俑不像当年中原的汉人，而具有生活在边疆的少数民族的模样。它的头部很肥大，鼻子十分高大，眼睛大而眼上的眉毛却很细，两耳下垂，嘴巴弯曲，呈含笑状，一头螺旋状的卷发。

人俑的上身裸露，腹部鼓起，下身在腰部、臀部及两腿之间的裤裆处铸有一条宽约0.4厘米的凸线的护身"布条"，这身打扮同今天日本的相扑模样十分相像，全身仅在腰部、臀部及两腿之间束上护身布条。说不定这个跪地人俑还是一个古代表演摔跤杂耍的奴哩！跪地人俑的双足已残缺，左肩膀平曲伸开，手持一灯插；右肩膀伸开上屈，手托

东汉"矮俑"铜灯

一灯插,头上还顶一根灯杆,整个人物造型十分简单,人俑身上无复杂的图案花纹,仅在左右手腕上各铸3条凸棱,肩上刻两道阴线。

此外,在陕西汉中地区曾出土过一件跪地人俑铜灯。人俑上身袒露,两眼鼓出,鼻子高大,两耳下垂,头上戴帽,帽顶上有一小圆孔,孔上置盖,盖钮作灯芯管状;手前伸,五指分开;右手微微上举,作握管状。右手握的管状物中间空心,可能作插烛之用。由于头、颈、腹、手臂内中互通,亦可装灯油。此灯仅高13厘米,故称"矮俑"铜灯。

据考证,铜灯为堂狼(螳螂)县的铜匠所制作。汉时螳螂县在现云南省的东川市、会泽县一带。螳螂"县名因山名也,出银、铅、白铜"(《华阳国志·南中志》)。这样看来,两汉时人俑铜灯在我国西南地区是比较流行的。

唐三彩人荷灯

1958年,在河南洛阳吕庙的一座唐墓中出土了一件唐三彩人荷灯。它造型活泼新颖,色彩绚丽多彩,花纹美丽多姿,是唐三彩中的一件佳品。

洛阳是唐三彩的故乡。唐三彩是一种特殊的釉陶工艺品,是我国陶瓷艺术中的瑰宝。

唐三彩人荷灯

唐三彩人荷灯,高14厘米,尽管,它只是一件随葬的明器,但仍不失为一件受人珍视的、可供人观赏的、制作精美的工艺品。唐三彩人荷灯是以人物为题材而构思的灯具。一个头束高髻,身穿绿色长袍,下着缚裤的唐朝女仆,踞坐在束腰台座上。女仆的双手将一荷叶举在左侧胸前,荷叶的中心有个小口,可以用来装油,在展开的荷叶上可置灯芯。唐三彩人荷灯灿烂夺目的光泽和人物的生动传神,叹为观止的美姿,体现了制作唐三彩的高超水平。

唐三彩人荷灯的胎体坚实洁白,三彩的釉色风格独特,釉色复杂多变,但又很讲究层次、布局、对比和衬托。在制作时,把各种釉汁同时交错施于胎体表面,入窑焙烧,使之熔解流化,产生混合或化合"窑变"现象,出现这种变幻无穷的色彩。但在女仆的脸上不施釉,而用"开相"工艺,描绘出人俑的嘴、眼眸、眉睫，增强了所塑造人物的质感，具有真实美妙的效果。

坐俑陶灯

陶灯是随着两汉墓葬制度的变化而发展起来的。它虽作为随葬的明器，但是，制作得十分复杂精致，装饰异常华丽，具有较高的艺术价值。

所谓明器，就是专为随葬而制作的器物。在封建社会中，达官贵人不仅活着的时候要人侍候，要享用各种物品，还希望死了以后，也还要别人去侍候他，提供他们享用的物品。因此，在他们死了以后，就要有人去陪葬，在墓中放置他们日常生活所用的物品。最初陪葬的是活人，后来改用金属、陶瓷、木石等材料制成人俑作陪葬，墓中放置的东西也是用这些材料来做的，这种器物就是明器。像秦兵马俑坑中出土

汉坐俑陶灯

的与真人一样高大的陶俑也是用作陪葬的明器。在《礼记·檀弓》中有："其曰明器，神明之也。涂车刍灵，自古有之，明器之道也"[1]，意思是之所以把殉葬的器物叫做明器，就是把死者当作神明来看待。用泥土做成的车，用茅草扎成的人，自古就有，这就是明器的来龙去脉。可见，早在周朝就已经使用"明器"一词了。

坐俑陶灯大都是用红陶或灰陶制作而成。灯座上的陶俑，在两汉的不同时期略有变化。在西汉后期，灯座上的陶俑造型是，头上束椎髻，脸上的鼻子

东汉银绿釉胡神俑陶灯

---

[1] 礼记正义[M].上海：上海古籍出版社，1990：171.

汉胡人俑灰陶灯

很高大，眼睛突出，如一颗扁圆的珠子，张口吐舌，颔下长有胡须，全都赤身露体，遍身划毛，胸平坦狭小，乳房扁平，下腹肥圆，挺着腰，光着脚，左脚前踞，右脚后屈，作半跪半坐姿势，右手按在右膝上，左手粗健，高举托灯，头向左仰视灯盘。灯盘像一只用来盛东西的陶盆，口很大，盘口用凸弦装饰，灯盘很深，可以放很多灯油。也有用双手托灯盘置于头顶上，灯盘四周镂有长方形孔条，双足后屈跪地。这种坐俑陶灯一般都不十分高大，大致在20厘米左右。

到了东汉时期，坐俑陶灯的造型稍有变化，灯座上的陶俑不仅有汉人的形象，还出现了少数民族的形象。一盏东汉银绿釉胡神俑陶灯，灯上的人俑，深目高鼻，头戴尖顶帽，显然是一个胡人。他身穿右衽长袍，腰间系带，左手拥揽弦纹形灯柱，右手下垂，踞坐。其身前的一个小人，双臂向两侧伸开，左手略高，与胡人左手相触，半坐于胡人腿上。从小人所着的右衽长袍推断，应为一个成年人，但身材明显比胡人为小，衬托出胡人的身材魁梧高大，显示陶俑非普通胡人，而是一位胡神。

东汉后期，灯座上的陶俑身躯，变得特别肥胖。在装饰上，有的头上绕巾，有的两耳戴环。举灯的姿势，有左手向上托举灯盘的；有双手放在双膝上，头上顶灯盘的；也有手托和头顶两只灯盘的。站立的姿势，从半跪半坐的姿势改为双膝弯曲席地而坐。东汉时期坐俑陶灯的体形相对来说，要比西汉时期高大，一般在30厘米左右。

瓷人顶灯

三国以后，在灯具制作的材质方面发生了很大的变化，铜灯和陶灯虽仍在流行，但新登台的瓷灯开始取代铜灯。最早的原始瓷器虽在商朝就已诞生，但由于本身的缺陷，一直未能推广应用，直至1000多年以后的东汉，瓷器才得以完善。由于瓷器原料易取，烧制方便，比铜器、漆器的价格更便宜，因此，日用品很快用瓷器来制作了，并且很快得到推广。

瓷灯所用的材料与制造工艺和铜灯不同，所以瓷灯的造型与铜灯明显不同。它虽然也由三部分组成：底座、灯柱和灯盏，但瓷灯的形体趋于小型化、简易、实用。四川宜昌发掘出土的一盏瓷人顶灯是三国时期的制品，属早期的瓷灯。它也分为底座、灯柱和灯盏三部分。底座是一只浅盘，盘中央是一个人形灯柱，造型非常活泼可爱，身体呈圆筒形，两只手臂向上弯曲，手持头顶上的灯盘。瓷人的头部造型很夸张，圆圆的脑袋，大大的眼睛，脸上长着一只高高的鼻子，两边有两只向外突出的大耳朵，使人感到十分滑稽可笑，但又十分亲切可爱。头上的灯盘与坐俑陶灯很不一样，它除了有一个碗形的灯盏外，还有

瓷人顶灯

一段长长的圆柱形的灯柄，灯柄下有一只底座，底座是一只浅盘，好似瓷人头上戴了一顶大帽子。在圆柱形的灯柄上用花纹进行装饰。碗形的灯盏外面用凸弦纹进行装饰，十分简朴。

堆塑人物灯

为了提高陶瓷制品的艺术性，除了在陶瓷上施以各种釉彩外，还常常采用"堆、贴、刻"等装饰方法，将以胎泥为原料，通过模印、模塑制成的各种人物、动物、花草、树木，用泥浆黏贴在器物的表面上，也可用刀具在器物的胎体上刻出人物和花纹图案，然后施釉入窑烧制，可以使陶瓷表面产生浮雕样的人物、动物、花草和树木图案。这种陶瓷的堆塑工艺可以使陶瓷制品更富艺术性。

堆塑人物灯就是采用这种装饰工艺制作的一件青瓷灯具。它是西晋时期越窑烧制的作品。1973年，在浙江的上虞百官镇凤山出土。越窑在浙江余姚一带，包括绍兴、上虞、余姚、宁波、诸暨、镇海等地。因唐时这里称越州，故这一带的窑

场统叫越窑。越窑以烧制青瓷为最著名，特别在唐、五代，这里烧制的青瓷代表了当时青瓷的最高水平。越窑烧制的青瓷胎质坚硬，釉色晶莹如翠。唐代诗人陆龟蒙以"九秋风露越窑开，夺得千峰翠色来"的诗句赞美它。

　　堆塑人物灯只存灯座，上面的灯盏已经不见。灯座的底径为14.2厘米，灯的残高为26.5厘米。灯座的底为圈足，中间是一根灯柱，采用堆塑的装饰工艺，使它成为一座浮雕一样，十分的精致。灯柱塑造成一棵大树，树下围着一圈人俑，人俑背对大树，面向观众。人俑的造型非常生动有趣。头戴一顶高帽子，脚上穿一双鞋。脸上露出一副惊讶的表情，瞪着一双大眼睛，张着一张大嘴，几个人俑手拉着手，不知它们在惊慌什么。从人俑的造型和衣着来看，不像是汉人，很像是内地的少数民族。在这组人俑的头上，还有一个人俑爬在树上，可惜，这人俑的头已残缺。在树上还塑有其他一些动物，如飞鸟等。这不仅是一盏可供实用的灯具，而且还是一件精美的艺术品。

堆塑人物灯

吉祥喜庆的鸟形灯

鸟形灯大多是汉朝遗物。鸟形灯是取鸟中的朱雀、凤凰、大雁等形象造灯。这些鸟在我国古人的心目中是神的化身,是吉祥之物,深得皇公贵族的喜爱。因此,在汉朝十分流行。在近年的考古发掘中曾有多种鸟形灯具出土,不仅有铜制的鸟形灯出土,而且还有陶制的鸟形灯具出土。

朱雀铜灯

1968年,考古工作人员在河北满城的两座汉墓中发掘出了许多汉代的铜灯具,除了前面已经介绍过的"长信宫"铜灯和"当奴"铜灯以外,还有多件精美无比、典雅精致的铜灯,朱雀铜灯就是其中的一件。

朱雀也叫朱鸟,它是一种比麻雀略大的小型鸟类,由于它的雄鸟的羽毛带有红色,红色又称朱色,因此被称作"朱雀"(朱鸟)。但是,我国古代所说的朱雀是一种燕子,因它额下的羽毛为红色,故称它叫"朱雀";也有把凤凰称为"朱鸟"、"朱雀"的。在我国古代人的心目中,朱雀被看作是一种吉祥物,是神灵的象征。传说,苍龙、白虎、朱雀、玄武为天之四灵,以正四方。因此,帝王的宫殿往往用麒麟、朱鸟、龙兴、含章等作宫名,如麒麟殿、朱鸟殿等。在有的古书中,朱雀称之为"南方之神"。古代军事家在布阵时,前后左右分别称为"前朱鸟而后玄武,左青龙而右白虎",并在军旗上画上朱雀等图形以示吉祥。

用朱雀的形状制作灯具会给灯具的主人带来吉利,朱雀一类灯具在汉代特别流行,还与当时董仲舒提倡"天人感应"论,

西汉朱雀铜灯

西汉朱雀铜烛台

讲究阴阳变异和符端有关。他认为,当天子受"天命",或者有"功德"时,就会出现麒麟、凤凰等吉祥物。汉朝的皇帝接受董仲舒的"天人感应"论的思想,十分重视祥端之兆,每见祥端,便"大赦天下",赏属下与民众。制作朱雀灯正是这种思想的反映。因此,在汉灯中这种形式的灯具十分流行。在近年的考古发掘中曾有多种朱雀灯具,不仅有铜制的朱雀灯,而且还有铜制的朱雀烛台。

河北满城出土的一盏朱雀铜灯,高30厘米,由三部分组成:灯座、朱雀和灯盘。灯座是一条盘龙,身躯卷曲,龙首上扬;朱雀足踏盘龙,昂首翘尾,嘴衔一只灯盘,作展翅欲飞状,双翅和尾部阴刻纤细的羽毛状纹。灯盘的直径为19厘米,呈环状凹槽形,内分3格,每格各有烛钎一个。灯盘、朱雀和盘龙三部分,系分别铸成,然后再拼接在一起。朱雀的嘴部和足部均留有接铸的痕迹。此灯造型优美,形象生动而又平稳,铜内的含铅量比一般铜器要高(占17.21%)。

1983年,在南方的广州象冈出土了一对朱雀铜烛台,是西汉南越王的陪葬器物。烛台的造型是一只朱雀作欲飞状,举首展尾,张翅欲飞,两足站立在方形的底座上。鸟的头上有一个直筒形的烛插。这是目前发现的最早的西汉用烛的灯具之一。朱雀铜烛台高26.4厘米,宽24.5厘米。

雁足铜灯

雁是一种体形比较大的鸟类,形状略像鹅,颈和翼较长,足和尾较短,羽毛淡紫褐色,善飞行。在我国古代人的心目中,它是一种信鸟,用于缔结婚姻的纳采或大夫相见时的贽礼,还有将它比喻成传送书信的人。自古以来,它是人们寄托思乡情的鸟类,有一则"鸿雁传书"的典故,说的是汉朝的苏武,奉汉武帝之命出使匈奴,被匈奴扣押,拘留于北海。北海,人迹罕到,荒原千里。他在那里度过了19个年头,后来,汉武帝死了,昭帝继位,汉朝与匈奴重归和好,汉朝派使者要匈奴释放苏武,但匈奴的单于谎称苏武已死,使臣只得回汉复命。后来,苏武托大雁向汉朝传送书信,这封用丝帛写成的信就系在大雁的足上,正好被汉昭帝在宫苑射猎时射下,汉昭帝得知苏武在北海还活着。于是,汉昭帝再次派使臣去匈奴,要还苏武。使者来到匈奴,见到单于就说:"汉天子在上林(皇帝射猎的宫苑)射下一只大雁,大雁足上系有帛书,说苏武现在北海。"单于听了大为吃惊,才不得不让苏武随汉使归汉。这段传奇式的美好故事在中国流传了千百年,就是靠雁足传书,因此,雁足也被人们看作是吉祥之物。

雁足灯在秦代就已有了,只不过到汉代更流行罢了。特别是西汉晚期和东汉初期,雁足灯最为流行。汉代的雁足灯,在雁足座下附有一侈口、折腹、平底的承盘;有的则为雁足掌踏在方形底座或鳖背上。1980年春,从江苏邗江甘泉汉墓中出土的一具雁足铜灯,造型十分优美,是东汉光武帝时的遗物。

它由灯座和灯盘、承盘三部分组成,高22.4厘米,圆环凹槽形灯盘的直径为11.2厘米,中间有支钉,可插灯炷。灯盘由一只雁足支承着。雁足灯座下还有一只承盘。承盘很大,直径达24.5厘米。承盘的口边沿外倾,如喇叭口状;盘腹呈折腹状,盘底为平底。在承盘的口沿面上铸有一行阴刻篆体铭文:"山阳邸铜雁足长镫建武廿八年造比十二",共十七字。雁足灯是宫廷常用的灯具之一,在灯上刻铭文是常有的事,所刻铭文常有"桂宫"、"中宫"、"中宫内者"、"中尚方造"等字样,还有大多表明"为内者造"。这只雁足铜灯上刻有"山阳邸"几个字,据有关史书记载,东汉光武帝刘秀的第九个儿子刘荆在建武十五年(39)被封为山阳公,十七年(41)进爵为山阳王。因此,这盏雁足铜灯可能是刘荆宫中的东西。

东汉盘座雁足铜灯

凤铜灯

凤凰是古代传说中的百鸟之王,羽毛美丽,飞行时百鸟相随,是祥瑞的象征。在《山海经·大荒西经》中,有:"五彩鸟三名:一曰皇鸟,一曰鸾鸟,一曰凤鸟。"[1]《说文解字》中,有:"凤,神鸟也。天老曰:凤之像也,麐前鹿后,蛇颈鱼尾,龙文龟背,燕颔鸡喙,五色备举。出于东方君子之国。翱翔四海之外,过昆仑,饮砥柱。濯羽弱水,莫宿风穴,见则天下安宁。"[2]雄为凤,雌为凰。雄雌同飞,相和而鸣。《大雅·卷阿》:"凤皇鸣矣,于彼高冈,梧桐生矣,于彼朝阳"[3],意思是凤凰引颈把歌唱,声音响彻高岗上,梧桐挺拔来生长,全身沐浴向朝阳。最早它曾作为古代东方部落的图腾。从原始社会以来,凤凰一直是装饰艺术的重要题材。在汉代,凤鸟是祥瑞的象征,人们取其形象造灯,是以它求吉祥。

1971年,在广西合浦汉墓中出土的一盏凤铜灯,制作精巧,造型庄重美观,是一件难得的艺术珍品。这座凤铜灯高33厘米,长42厘米,通体细刻羽毛,栩栩如生。在凤铜灯的背上有一个圆孔,放置灯盘,灯盘带錾,便于从凤背上取出,灯盘上有一根支钉,用以插灯炷。凤头伸向后背,凤冠上用刻线装饰,凤嘴衔一只喇

西汉凤铜灯

---

[1] 二十二子·山海经[M].上海:上海古籍出版社,1986:1382.

[2] 许慎.说文解字注[M].上海:上海古籍出版社,1988:148.

[3] 毛诗正义[M].上海:上海古籍出版社,1990:628.

叭形灯罩，灯罩上用动物图形和线条花纹装饰。凤颈分为上下两段，中插一段套管，使上下两段凤颈互相衔接，既便于拆开清除凤灯内的烟垢，又便于凤颈转动，调节照明灯光的亮暗。当灯盘上的灯炷点亮后，灯炷燃烧放出的烟灰，将通过灯罩导入凤颈和凤体内，以保持室内的清洁。

凤铜灯在设计上也很有特色，由于凤鸟只有两只脚，如果只靠它的两只脚来支撑铜灯，很容易因重心不稳而倾到，特别是放在不平的地方，更容易使凤铜灯倾到，因此，凤铜灯的设计者别出心裁，将凤尾设计成下垂状，凤尾成了这盏铜灯的另一只脚，这样由凤尾和两只凤足共同支撑凤铜灯，形成三足鼎立的最稳定状态，即使将凤铜灯放置在不平的地方，它也不会倾到，十分安全可靠。

类似凤铜灯的鸟形灯，近年还有发现，如山西朔县出土的一件雁鱼灯，也是在西汉晚期的古墓中发现的。

雁鱼灯作鸿雁回首衔鱼伫立状。雁额顶有冠，眼圆睁，颈修长，体宽肥，身体的两边铸出羽翼，短尾上翘，双足并立，掌有蹼。雁喙张开衔一鱼，鱼身短肥，不安灯罩盖，雁冠绘红彩，雁鱼通体施翠绿彩，并在雁、鱼及灯罩顶板上，用墨线勾出翎羽、鳞片和夔龙纹。灯长 34.5 厘米、高 53 厘米。

雁鱼灯由雁首颈（连鱼）、雁体、灯盘和灯罩等四部分组成。雁首颈与雁体以子母扣相接，鱼身及雁首颈、雁体均中空相通。灯盘为圆形、直壁浅腹，内有两道直壁圈沿。灯盘的一侧附灯柄，可控制灯盘转动。盘下有圈足，与雁背上的直壁圈沿以子母扣套接。灯罩为两片弧形屏板，其上部插入鱼腹下的开口处，下部插入灯盘内的直壁圈沿中，可左右转动开合，既可挡风，又可调节灯光和照度。灯火点燃后，烟雾通过鱼和雁首颈导入雁体内，防止了油烟污染室内空气。雁鱼灯的四部分可以拆开，便于擦洗，达到了功能与形式的统一。

西汉彩绘雁鱼铜灯

鸟形陶灯

汉鸟形陶灯

1955年，在河南陕县刘家渠汉墓中出土一盏鸟形陶灯，灯上装饰非常繁缛。灯形呈博山炉式。博山炉是古代的一种焚香用的器具，在器具上有人物、动物等图案，象征海上的仙山——博山。后来，把器物表面雕刻作重叠山形的装饰统称为"博山式"。在南朝鲍照的《拟行路难十八首》中，有"洛阳名工铸为金博山，千斫复万镂"[1]的诗句。

鸟形陶灯分成上下两节，下节为灯座，上节为灯盏。灯座的底径为34.8厘米，灯座作喇叭状，圈足肥大，象征着山峦，在上面堆塑奔腾的猛兽、骑猎的勇士，怀抱婴儿的妇女，棋布的小树等人和动物、植物。鸟形陶灯上的堆塑共分3层，最上面一层围绕着一组乐人在且歌且舞，活生生的一个欢乐场面展现在人们的面前。灯座底上有4个小孔，灯座顶上有一个大的圆孔用来放置一只灯盏。灯座颈上用弦纹做装饰。灯盏为浅盘形，在它的两边塑有两个翅膀，前后塑上鸟的头和尾，像一只正在振翅欲飞的鸟。

青玉海晏河清烛台

玉是珍贵的石头，用玉制灯不多见。青玉海宴河清烛台是清宫廷皇帝书房里用的器具。它虽然不大，比起铜灯、瓷灯要小得多，但制作非常的精细，整个灯具用一块青玉雕刻而成。

青玉海晏河清烛台由三部分组成：一个圆盘形的灯座，一个鸟形的灯柱，一个用来插蜡烛的灯钎。在圆盘形的灯座中央雕有一只海龟，海龟的前脚做着向前划动的姿势，头伸出，两眼正注视着前方，似乎要向远方游去。在盘的内壁上用线刻

---

[1] 鲍照, 等. 先秦汉魏晋南北朝诗（中）[M]. 北京：中华书局, 1983: 1274.

吉祥喜庆的鸟形灯

青玉海晏河清烛台

出水波浪纹,更是烘托出海龟在大海波涛中游动的情景。在海龟的背上站立着一只展翅的海燕,海燕的雕刻很精细,翅膀上的羽毛栩栩如生,十分动人。在海燕的头上顶一灯盘,灯盘要比一般灯具小,在灯盘的外沿有一条凸边,上面用细线条的花纹作装饰。灯盘的中央有一根烛钎,用以插烛。海燕的嘴微张,两眼睁得特别大。海燕因长着一身黑色的羽毛,故又称为"玄鸟"。在《诗·商颂·玄鸟》中,有"天命玄鸟,降而生商"[1],意思是天帝发令给神燕,生契建商降人间。因此,海燕、海龟都是吉祥之物。这盏青玉灯的名称叫"海晏河清"。"海晏河清"的意思是沧海波平,黄河水清,形容国内安定,天下太平。青玉海晏河清烛台用海燕和海龟来表现天下太平,国内安定是十分贴切的。

---

[1] 毛诗正义[M].上海:上海古籍出版社,1990:791.

造型古怪的兽形灯

古代器物往往会用动物造型，主要是借一个或一组可以"假托"、"转喻"、"谐音"等手法来传情表意。这些动物的形象都含有一定的寓意。如囚牛、睚眦、嘲风、蒲牢、狻猊、霸下、狴犴、负屃、螭吻，传是龙的九子，九子不成龙的模样，并且各有所好。囚牛，平生好音乐，今胡琴头上刻是其遗像。睚眦，平生好杀，金刀柄上龙吞口是其遗像。嘲风，平生好险，今殿角走兽是

汉鎏金铜鹿灯

其遗像。蒲牢，生平好鸣，今钟上兽钮是其遗像。狻猊，平生好坐，今佛座狮子是其遗像。霸下，平生好负重，今碑座兽是其遗像。狴犴，平生好讼，今狱门上的狮子是其遗像。负屃，平生好文，今碑两旁文龙是其遗像。螭吻，平生好吞，金殿脊兽是其遗像。

虽说，它们都是传说中的动物，但常常作为吉祥物出现在各种器物上。同样，在灯具中，人们也会用动物的寓意来作为造型。除了龙以外，还有许多动物造型的灯具，牛灯、狮子灯、羊灯、辟邪灯、熊灯、鹿灯、龟灯等。

龙形灯

在封建社会中，龙是神灵和皇权的象征，只有宫廷中的器物才能用龙的形象来做造型，因此，在民间用龙作装饰的灯具极为少见。

1972年，在河南巩县发现，一盏器形奇特的龙形铜灯。造型非常简单，装饰也朴素无华。它由灯座、灯柱和龙首灯盘等三部分拼接而成，高约27厘米。灯座是一只直径为16厘米的浅圆盘，在圆盘中央竖有一根灯柱，龙首灯盘就插在这根灯柱上。龙首灯盘由灯盘、管柱和灯柄等三部分组成。灯盘是一个浅圆盘，只是略

造型古怪的兽形灯　75

小一点，直径为14厘米。从灯盘底下伸出一根竹节状的管柱，中间空心，灯柱可插入其中。在竹节状的管柱中下部伸出一个弯形灯柄，灯柄长16厘米，柄首雕有龙头饰物，因此称为"龙首铜灯"。龙头雕刻较精巧，龇牙咧嘴，瞪出两只大眼，一副张牙舞爪的模样，栩栩如生。

广州南越王墓中出土的西汉龙形铜灯与龙首铜灯不同，它的造型非常独特，龙昂首张口，在它的两角之间安置了一个烛插，用以插蜡烛，背上有一个纽贯环，可以将灯提起或者吊起。特别有趣的是，龙爪下攫捕的一条蛇和蛇缠绕的一只蛙弯曲成三足的灯座，造型非常优美。由于此灯是王室的用品，所以制作十分精细，

龙首铜灯

是一件很精致的艺术品。此灯共有2件，分成左右两边放置，因此在灯的龙爪上分别刻有"左"、"右"文字，作为摆放时的标记。

美国波士顿美术博物馆收藏的白瓷螭龙烛台是隋唐时期的作品。螭龙是一种盘曲的龙。白瓷螭龙烛台由三部分组成：灯盘、灯柱和灯座。灯盘似碗形，外面用莲花瓣来装饰，形似一朵盛开的莲花，非常美丽。这种装饰与佛教传入我国有很大的关系，佛教以莲花作为标志，代表"净土"，象征"纯洁"，有吉祥平和的意思。灯柱呈圆形，用弦纹和螭龙作装饰，两条螭龙盘绕在灯柱外面，两只龙爪支承着灯盘。灯座似一只矮足盘，盘下是具有粗圈外框的喇叭形圈足。盘子为直壁，中央饰以莲花瓣，两条螭龙的后爪站立在莲花瓣上，造型非常优美。

西汉龙形铜灯

·小知识·

龙的传说

前面已经说到过，龙是中华民族自古以来一直崇拜的一种神异动物。传说中的龙，

它不仅神通广大，善于变化，能兴云雨，利万物，而且还是一种形态极其奇异的怪物。许慎在《说文解字》中，说："龙，鳞虫之长。能幽能明，能细能巨，能短能长，春分而登天，秋分而潜渊。"[1]有人说，龙是一种鳞虫，外形与九种动物相似。头似驼，角似鹿，眼似兔，耳似牛，项似蛇，腹似蜃，鳞似鲤，爪似鹰，掌似虎。它背上有八十一片鳞，具九九阳数（术数）。其声如戛铜，盘口旁有须髯。颌下有明珠，喉下有逆鳞。头上有博山，又名尺木。龙无尺木，不能升天。呵气成云，既能变水，又能变火。还有人说，龙是由五行之精气所生成的，黄金千岁生黄龙。青金千岁生青龙。赤金千岁生赤龙。白金千岁生白龙。黑金千岁生黑龙。黄龙者，四方之长，四方之正色，神灵之精也。能巨，能细，能幽，能明，能短，能长，乍存，乍亡。王者不滤池而渔，德达深渊，则应和气而应游于池沼。黄龙不众行，不群处，必待风雨而游乎青气之中，游乎天外之野。出入应命，以时上下，有圣则见，无圣则处。总之，龙是一种神异的动物。

清银雕龙形烛台

牛形灯

牛与从事农业生产的民族关系十分密切，汉代人多取牛的形象铸灯。因此，在汉代遗物中，牛灯十分常见，而且牛灯的形状甚多。

湖南出土的铜牛灯，它的造型不同于现实生活中的牛，已作了艺术上的夸张，所以，它的形象十分生动有趣，体态肥胖，但脚却很短小。牛耳下垂，两个牛角弯向牛背，十分逗人喜爱。在牛背上有一个圆洞，洞上放置一个带把柄的圆灯盘，灯盘的外径为16.7厘米。灯盘呈圆形凹槽状，中间有一个锥形支钉，用以插灯炷。灯盘边沿的凹槽可以放置瓦状的"挡风板"（即"灯罩"），不仅可以防止风

隋唐白瓷螭龙烛台

---

[1]许慎.说文解字注[M].上海：上海古籍出版社,1988:582.

把灯中的灯炷的火吹熄,而且还可以转动"挡风板"调节灯光照射的角度和亮度。灯上的一个穹形的灯盖,上面有一根分叉的"出烟管","出烟管"弯向灯的两侧,竖立在牛背上。点灯时,烛烟通过"出烟管"到达铜牛的腹中。铜牛的腹部是空心的,可以盛水,烛烟进入铜牛的腹中之后,可滤去烟炱,因而能使室内保持清洁,设计十分科学、合理。

铜牛灯高50厘米、长40厘米、宽25厘米。在铜牛灯的右侧有"敕庙牛镫(灯)四礼乐长监治"十字铭文。根据同墓出土的其他文物可知,铜牛灯的制作年代大约在西汉时期。

江苏邗江出土的错银铜牛灯是铜牛灯中最精美的一件。它的造型似一头体态雄壮、站立着的黄牛,中间空心,牛身通体饰以精细繁复错银云气纹饰,望去显得端庄典雅。云气纹是汉魏时代流行的一种装饰纹。它是用一种流畅的圆涡形线条组成的图案,云气纹寓意高升和如意。错银铜牛灯由于用了具有极强的装饰性的错银装饰,同时错银装饰工艺做得十分精细,铜牛变得非常漂亮,在古代灯具中也实属罕见。这说明,尽管到了东汉错银铜器已不甚流行,但在错银器具的制作上仍有新的发展。错银铜牛灯不但装饰非常漂亮,而且造型也非常好,牛体与灯的比例协调均匀,形象栩栩欲活。牛俯首探角,似欲抵角,尾翘作螺旋状。

错银铜牛灯的灯盘置于铜牛背上,灯盘带鋬(即把手),上有两块可以移动的瓦状屏板作灯的灯罩,灯罩的面上有菱形格状镂孔的窗格和耳环。灯罩上还有穹形灯盖,从灯盖上伸出一根弯管,直通铜牛的顶上。这根弯管既是错银铜牛灯的把手,

西汉铜牛灯

东汉错银铜牛灯

又是烟道。点燃灯烛后，灯烛的烟炱就将通过它进入错银铜牛的空腹中，这样就不会污染房内的空气。错银铜牛灯的各部分还可拆卸。错银铜牛灯通高 46 厘米，长达 36.4 厘米。

牛形灯多数为铜灯，但也有牛形青瓷灯发现。浙江瑞安县出土的一盏东晋青瓷牛形灯，极为罕见。它的造型也十分新颖别致。它的灯盘是一个侈口、直壁的平底盘，中心有一个錞于形（一种铜制乐器的形状）的灯盏，上部塑一个牛头，两侧塑 4 条牛腿，2 条前腿弯曲，压在两个后肢上，从牛身上伸出一个弯柄，与底盘的一侧连成一体，成为灯的手柄。

羊形灯

在古代，羊被人们认为是一种瑞兽，即会给人带来吉祥的动物。汉朝时，人们常喜欢用羊的形象来做装饰，例如，在建筑物上、墓上的画像石，以及使用的器物上，经常会用羊的形象来装饰。在汉朝的灯的造型设计上，采用羊的造型也不乏其例。在古人金石器的著录中，就有汉宣帝的羊灯。

1968 年，在河北满城陵山的一座汉墓中出土的一盏羊尊铜灯，造型优美，构思和设计都很精巧，独具匠心。这盏羊尊铜灯，

东晋加彩青瓷牛形灯

高 18.6 厘米，长 23 厘米。它的造型是一只四脚屈膝的卧羊。羊灯的造型非常逼真，羊的各部分也刻画得十分细腻。它身躯浑圆，长着一条短短的羊尾巴，双角卷曲，昂起羊头，仿佛正在一边卧地休息，一边咀嚼着鲜嫩的青草，是乎还看见羊嘴在嚅动，充满着浓厚的生活气息。

铜卧羊的背部和身躯是分开铸造的。在羊的脖子后面置有一

西汉羊形铜灯

个活络的钮扣，羊臀上也有一个小提钮。在点灯时，可将羊背向上翻开，平放在羊头上，羊背就成为一只灯盏，它长15.6厘米，宽9.2厘米，高3.2厘米，略呈椭圆形，一端有一个宽1.35至1.9厘米的小流嘴，估计是用来放置灯捻的。卧羊中间空心，推测是用来储存灯油的。当铜羊尊灯不用、需要放置起来的时候，可以将羊背翻下，让剩余在盘中的灯油通过小流嘴倒入卧羊的腹腔内。

羊尊铜灯不仅是一具可供实用的灯具，而且也是一件精美的艺术品，可供人玩赏。

羊形灯除了用铜制作外，还有瓷制的，

东晋褐色点彩羊形青瓷烛台

在青瓷上用釉下挂釉的技术，用褐色斑来做羊形青瓷烛台的装饰。这种陶瓷釉彩装饰技术称之为"褐斑加彩"。它始于东晋、南北朝，以后的龙泉青瓷继承了这种传统的陶瓷装饰工艺。这种因为用含铁较多的褐釉，整齐地或随意地点在施过青釉的器物上，烧制后，在青釉上会出现褐色的斑点或斑块，使原来只有一种颜色的青瓷，有了两种颜色，以增加色调的变化。青瓷羊形烛台在羊的眼睛、鼻孔及肌肉突出的地方饰以褐斑，以加强艺术的感染力。

青瓷羊形烛台长17厘米、高14.7厘米。羊的四肢屈膝作跪卧状，羊首昂起，羊嘴张开，舌头微露，嘴下一撮胡须，仿佛正在一边休息，一边咀嚼鲜嫩的青草，造型异常生动可爱。羊的身躯肥壮，在羊的腹部两侧划刻出羽翼，在羊腿上划刻出粗壮的肌肉。刻画工艺是晋朝青瓷上常用的工艺，可以丰富青瓷的装饰。在羊头顶上，开有一个直径1.5厘米的圆孔，用来插烛。

这种青瓷羊形烛台在西晋、东晋非常流行，特别在江浙地区更是多见。虽然，它们的造型都是作跪卧状，但羊头的造型却各有不同，有的把羊的眼睛塑造得很大，非常显眼；有的把羊角塑得很突出，加上嘴下一撮胡须，也很生动有趣。

羊形灯具在两晋以后仍有出现，唐朝的一盏羊形烛台，它的造型与外施的釉色和两晋时期的青瓷羊形灯具的风格已有很大的不同。灯具外施的釉色不再是

唐青釉褐彩羊形灯

青绿色的了,而是通体施用淡黄色的釉色,在羊身上再施以浅蓝褐色的斑纹作装饰,使色彩更丰富。羊的四肢弯曲卧伏在一只圆形的球罐上,在球罐上镂有几个不规则的空洞。羊的嘴微张,作嘶鸣状,发出"咩咩"的叫声。头上有两只羊角,但已断缺。羊的背上有一根圆形的烛筒,用于放置蜡烛。这盏羊形烛台通高 13.5 厘米。

羊尊铜灯和青瓷羊形烛台在造型上虽是大同小异,但在使用上却有很大的区别。前者是用灯油作点灯照明的燃料,也就是我们现在所称的油灯;而后者则是用烛作点灯的燃料的,所以称烛台。

辟邪烛台

辟邪,又叫"异兽"或"角端"。辟邪的形状非常特别,它的头兼有狮子和老虎的形状;它头上长的两只角好似犀牛或龙头上的角;它的蹄又像是牛羊的蹄;它嘴下长的胡须又像山羊的胡须;是合神龙、猛兽和家畜于一体的灵异之兽。也有说辟邪是一种似狮而带翼之兽。辟邪在我国古代传说中是一种神异之兽,在许多古籍中,对它的形状和用途都有讲述。在《汉书·西域传》中,对辟邪是这样描述的:"两角者,或为辟邪。"[1]《小尔雅·广言》称:"辟,除也。"[2] 辟邪之义,是驱走邪秽,拔除不祥。在古代的工艺品上,辟邪是常用的图案。在织物、军旗、印纽、钟纽、带钩等上,常用它做装饰。除此以外,在皇陵前也常有辟邪的石雕,以及辟邪车等。

1974年,在浙江绍兴出土了一具西晋辟邪烛台,造型生动有趣。辟邪的头向左上方回望,张嘴露齿,长须下垂,双眼怒视,威武凶猛,尾巴上翘,四肢伏地,背上负一个方座,座上挑一长方形的隔板,板面装有并列的 3 根烛管(中间一根已断),管上大下小,平底,与辟邪的身体不相通,不能用作注水,只能做插烛之用。它不仅是照明的工具,也是驱邪的东西。

辟邪烛台因用模制法成型,器壁较厚,内壁凹凸不平。模制法成型就是用坯泥在

西晋辟邪烛台

---

[1] 二十五史(1)·汉书[M].上海:上海古籍出版社;上海书店,1988:724.
[2] 说郛三种(三)·小尔雅[M].上海:上海古籍出版社,1988:203.

陶模中分别压印成器身的左右两半，然后将两半黏合成一个器身，在器身的接缝处会留下按压的痕迹和接缝的缝道。

狮子灯和狮形烛台

我国原先没有狮子，狮子的故乡是在西亚和非洲。东汉章和元年（87），大月氏、安息等国把狮子作为吉祥物送至我国，我国才有了狮子。狮子的外形非常威武雄壮，被誉为"百兽之王"，成为权力和威武的象征。同时，由于狮子的英姿，引发了许多有关狮子的趣闻和故事。有人说狮子是玉皇大帝派来驱逐瘟疫的神兽；有人说狮子是从西域来的仙人的看家兽；也有人说狮子是天龙的第九个儿子，擅长看守门户。因此，在古代的宫殿、府邸门口，常常有一对石狮子在门口守护。在我国的古籍中，也记有不少狮子的传说。在佛教经典中，因狮子的勇猛，对狮子非常推崇，为文殊菩萨的坐骑。狮子为百兽之王，可以镇百兽。狮子的这些神奇故事，吸引了历代艺术家，他们创作了无数有关狮子的绘画、石刻、陶塑等。在古代常用石狮、石刻狮纹来"镇门"、"镇墓"和"护佛"，用作辟邪。

1958年4月，在河北邯郸市的峰峰矿区中的观台古窑址中出土了一盏金代狮子莲花瓷灯。邯郸的观台镇古时属磁州，这一带的烧制瓷器的窑统称"磁州窑"。磁州窑是宋代最有特色的民间瓷窑。磁州窑烧制的瓷器胎体坚细，呈灰白色，釉色白中微带黄，器内不挂釉。磁州窑曾对中国周边国家的陶瓷产生过很大的影响，在世界陶瓷史上占有重要的一页。

金代狮子莲花瓷灯外施黄绿釉，分两次施釉，在花纹凸出的地方，是在烧制以后再施釉的，黄绿釉器物因烧制火候低，釉容易脱落。狮子莲花瓷灯的造型是，一头威武雄壮的狮子，站立在一只长方形的底座上，四肢分开，显得十分有力，狮头昂起，两眼注视着前方。狮子莲花灯上的狮子就像是一只"镇门"的石狮子，守护着主人的门户。狮子头上卷鬣，尾往上卷曲，身披障泥（一种垂于狮子腹部两侧，用于

狮形烛台

遮挡尘土的披肩），背负一只莲花形灯盏，前胸和臀部束带，形象极为动人。莲花和狮子是佛教中常用的图案，因此，此灯带有浓厚的佛教色彩。狮子莲花瓷灯在唐宋时期也很多见，在山东茌平县的一个元代窖藏中也曾发现一具唐三彩狮子莲花灯，是我国古代陶瓷灯具中的精品。灯具的造型与金代的狮子莲花灯十分相似，也是一头站立的狮子，左顾首，头上卷鬣，尾往上曲卷，身披障泥曳地，背负双层莲花形盆，前胸和臀部束带。灯体施赭黄、绿、白色釉，各种色斑互相浸润。唐三彩狮子莲花灯，座高22.8厘米，长25.3厘米。

狮子烛台的造型，一般都十分威武雄壮，眼睛瞪得很大，张嘴咧齿，气势不凡。狮子的四条腿被塑造得十分有力。狮子的背上有一圆形的烛筒，用以插烛。

熊形烛灯

在以动物造型的灯具中，以熊的形状作灯具的也有不少，这可能是熊的形状虽然很笨拙，但很可爱，十分逗人喜爱，但更重要的是熊在古代有两种象征意义。首先象征男子，《诗经·小雅·斯干》就说"维熊维罴，男子之祥（罴也是熊一类的动物）"[1]，意思是梦中有熊有罴，预示男婴要降生。其二，在古代人的眼光中，熊的凶猛好比是一个勇猛的武士，因而备受人们的崇拜。《尚书·康王之诰》就说："则亦有熊罴之士，不二心之臣，保乂王家"[2]，意思是还有像熊罴一样勇武的将士，忠贞不渝的大臣，安定治理国家。

1986年，在甘肃定西的一座汉墓中出土了一盏绿釉熊灯，这盏绿釉熊灯的造型非常有趣。灯座似一只倒覆的盆子，上面塑有一只蹲着的熊，屁股坐在灯座上，后腿弯曲，前爪搭在后腿上，做成抓痒状，形状非常生动。从熊背上伸出一根杆状灯柱，上面

金代狮子莲花瓷灯

汉绿釉熊灯

---

[1]毛诗正义[M].上海：上海古籍出版社，1990：386.

[2]尚书正义[M].上海：上海古籍出版社，1990：286.

东吴青瓷熊灯

有一只圆形灯盘。灯高43厘米,灯盘的口径为14厘米。这盏灯具为泥质红陶,外涂绿釉。

1958年,在江苏南京清凉山三国吴墓中出土了一只青瓷熊灯,由灯盘、灯柱和灯盏等三部分组成。灯柱做成熊形,熊身穿衣裙,蹲坐在承盘内,头顶灯盏,熊的两只前肢扶持熊头,造型新颖奇特。熊同灯盏、承盘的比例十分合理。承盘外底刻"甘露元年五月造"七字(甘露元年为前53)。灯盏为钵形,外壁刻画三条凸弦纹。

青瓷熊灯高11.5厘米,灯盏的口径为9.7厘米,承盘的口径为18厘米。灰白色胎体,烧成的火度较高,瓷质坚硬致密,坯体含铁量较高,釉色呈灰青和豆青,施釉均净。

在此以前,1966年,在江苏江宁县出土了一只西晋时期的熊形灯具,它不是用灯油的油灯,而是一只用蜡烛的烛台。它的造型为一只坐熊。熊的后腿紧缩,右前肢扶头,左前肢放在左膝上,屁股着地,熊的周身用刻划痕来装饰,表示熊毛,熊身上穿一件大裙。熊的形象很可爱,神态笨拙,尽管,熊的两眼圆睁,张嘴露齿,十分凶狠,但还是无奈地低下熊头,给人以一种驯服的样子,并不得不被人使用。在熊的头顶上有一个圆洞,可以用来插置蜡烛之用。这具熊形烛台是采用模制法做成的,胎体为浅灰胎,外施灰青釉,釉质莹润。

西晋熊形青瓷烛座

兽面形烛台和兽形陶灯

兽面形是青铜器上常用的一种纹饰。但用它作为灯具造型甚为少见。1983年，在广州的南越墓中出土了3件罕见的兽面形灯。其造型为兽面形，面扁如蟹盖，瞪目露齿，顶上双

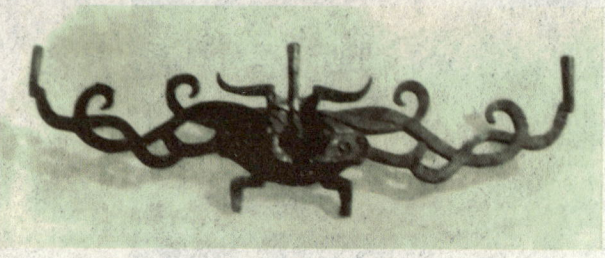

西汉兽面形铜灯

角间有一直筒状蜡烛插。发须向两边延伸纠结，形成透雕的装饰效果。在这两端各有一个直筒状蜡烛插。在每件兽面形灯的3根蜡烛插上分别写有"一、二、三"，"五、六、七"，"九、十、十一"的字样，其中独缺"四、八"两个编号，疑是与同墓出土的另外两件朱雀灯一同使用之故。兽面形灯的造型怪异，应与某种神话有关。兽面形灯高17.2厘米、宽57.2厘米。

晋兽形陶灯

1955年，在河南洛阳的一座晋墓中出土了一具兽形陶灯，它的造型设计非常特别，尤其是灯上的灯盘设置非常巧妙，在以往的灯具中不多见。这盏兽形陶灯由灯柱和灯盘两部分组成。灯柱的下部是一只喇叭形的圈足，上面用一圈圈的凸纹作装饰；灯柱的中部呈圆柱形，上面开有一个小孔。灯柱的上部盘坐着一只陶塑怪兽，怪兽的两只前肢下垂，两只前爪放在前膝上，昂着头，瞪着双眼，紧闭嘴巴，一副很凶狠的样子。灯盘像一只带柄的铁锅，盘口很大，有一圈宽大的边沿，灯盘也很深，可以放置很多灯油，这样就不需要经常为灯添油。灯盘的柄很长，可以插入灯柱上的小孔中，将灯盘固定在灯柱上。

异形长尾兽烛台

1959 年，在广州南郊的一座东汉砖墓中，出土了一盏造型十分罕见的烛台——异形长尾兽烛台。

异形长尾兽烛台，分为烛柱和烛座两部分。烛座的造型十分特别，是两只人们从未见过的长尾怪兽构成。怪兽的形体有点像早已经在地球上消失了数千万年的恐龙，体格很大。它的四足又与大象的足十分相似。怪兽的尾巴特别长。两兽首尾相连，兽头作回首状，张口衔住中间的一根灯柱。灯柱像一根扶桑木，上尖下圆，分成两截，中间用榫卯相套。在灯柱上有两组圆箍，每组各有 4 个，可以插 4 支蜡烛。异形长尾兽烛台通高 51.4 厘米。

异形长尾兽烛台

挺拔高大的连枝灯

连枝铜灯出现在战国中晚期至东汉。它的形体高大,似一棵花树,从中间的"树干"(灯柱)上有规律地分层伸出枝条,在枝条的顶端置有灯盘,灯盘中有烛钎,用来插蜡烛。"树干"的顶部一般也置灯盘。"树干"底下还有灯座。连枝铜灯是宫廷及贵族们的家用器物,因此,制作精美,装饰华丽。如在《汉武内传》中,汉武帝为了迎接西王母的到来,点燃了"九光之灯"。[1] 汉武帝是一个好神仙之道的皇帝。元封元年(前107)正月,他登上嵩山,在一座道观里,斋戒七日。到四月戊辰那天,东方朔、董仲君陪伴汉武帝在承华殿闲聊,忽然来了一个非常美丽的青衣女子,女子说:"我是天上来的玉女,叫王子登。西王母派我从昆仑山来看你。听说你毫不看重帝王的基业,一心寻道,多次到三山五岳去祈祷。像你这样的人是值得传授真道的。从今天起,请静心斋戒,到七月七日那天,西王母会降临来看你的。"武帝赶快离开座位下拜行礼,答应一定照玉女的话去作。到了七月七日,宫廷内外清扫一新,大殿上为西王母专设了座位。汉武帝穿上华服,宫廷内外一片庄严肃穆,点燃九光之灯,恭候西王母的降临。这里的"九光之灯"恐怕就是两汉时盛行的一种九枝连枝灯。

连枝灯上的灯盘有多有少,少则三个,多则上百个。唐武则天的姐姐韩国夫人置百枝灯树,每盏灯树高八十尺,竖在高山上,上元夜将它点亮,百里外都可以看到,灯的亮光夺去了月色的光亮。在古灯中,连枝灯已形成了一大类,在近几十年的考古发掘中,出土了不少连枝灯,不仅有用铜制的连枝灯,而且还有用陶、铁,甚至玉等材料制作的连枝灯。

顾恺之绘《列女图·卫灵公夫人识贤》中的"三枝连枝铜灯"

---

[1] 班固,等.说郛三种(八)·汉武内传[M].上海:上海古籍出版社,1988:5112.

十五枝连枝灯

1977年，在河北平山县一座战国墓中出土的一盏十五枝连枝铜灯，不仅是连枝灯中的杰作，而且也是现今所见到的连枝灯中灯盏最多的一盏。这座墓的主人是中山国王璺，璺是中山国第二次复国并迁都灵寿（今河北平山县境内）后的第三代君王，当时也是中山国比较强盛的时期，璺的墓葬器物不仅数量多，而且制作工艺十分高超。这盏十五连枝铜灯构思巧妙，设计精致，制作考究。

十五枝连枝铜灯的灯体十分高大，有84.5厘米高，不是放置在桌台上的案灯，是一盏放置在房内的落地座灯。它由灯座、灯柱和灯盏三部分组成。

灯座呈圆形，灯座的脚做成由3只老虎承托的造型。灯座上镂雕夔龙纹。夔龙纹是青铜器上常用的一种纹饰，夔龙是传说中的神奇动物，形近似蛇。夔龙纹上的龙多为一角，一足，口张开，尾上卷。在灯座上面还雕塑着2个上身赤膊，下身穿着短裙的站立男子，正在向灯柱上的小猴抛食。

战国中山十五枝连枝铜灯

从灯柱上伸出的曲枝共分七层，每一层有2根曲枝。在曲枝上装饰一群攀枝嬉戏的小猴，有的小猴单臂拉枝，全身悬空，向站立在灯座上向上抛食的男子乞讨食物，构成了一幅"喂猴"的生动画面。这种奇特的造型，十分令人喜爱。在第四层曲枝上还有两只金丝鸟在啼鸣，给"喂猴"的场面增添了浓厚的生活气息。灯柱上的一条攀援而上的神龙，似乎要升入云端，腾云驾雾返回它的龙宫，这又将人带到了神奇的神话世界。

灯盏安置在曲枝的顶端，灯盏为圆盘形，灯盏中间有支钉，可以用来插灯烛。灯柱顶端也置有一个圆盘形的灯盏，整个灯柱上共有十五个灯盏，可同时点亮。

这盏十五枝连枝铜灯又叫三虎六身夔龙纹圆座鸟兽攀枝十五枝连枝铜灯。

十三枝连枝灯

在十三枝连枝灯中最繁缛华丽的，要算1972年在洛阳涧西七里河东汉墓中出土的那一盏了。这盏十三枝连枝陶灯高85厘米,由灯座、灯盘和灯柱三部分组成。

灯座做成喇叭状,像一座群峰环抱的山峦。灯座上堆塑着各种各样的人和动物,从上到下可以分为4层。第一层(喇叭颈上)塑着对称排列的4只卧蝉。蝉是一种不完全变态的昆虫。蝉的幼虫生活在土中,由卵、幼虫(若虫),经过数次蜕皮,不经过蛹就变为成虫。在将要羽化(变成成虫)时,于黄昏及夜间钻出土表,爬到树上,在树皮上蜕皮羽化。古人认为蝉是从土中死而转生的,故蝉又名"复育"。在古代的器物上,常用蝉来作装饰,有死而转生的象征意义。第二层上一共塑着2个人、1只猴子、3只蝉、2只老虎。2个人和1只猴子在2只蝉中间,人头戴平顶圆帽,平坐在"山坡"上,两腿下垂,一只手平伸,另一只手举于耳旁,大拇指与其他四指分开,下身穿着一条红色短裤。在人的后面屈蹲着一只猴子,两旁的树上各停着1只卧蝉。卧蝉停着的树后还有2只老虎在奔跑。第三层饰有10只动物,有2只兔子、1头鹿、2只青蛙、1头羚羊、1只狼、1头猪、1只狗和1只蝉。第四层上饰的动物就更多了,有12只,2只狼、3头鹿、1只狗、1头羚羊、1头猪、2只青蛙和2只蝉。在第二层和第三层动物之间,还有4个对称的弧形圆洞。整个灯座在白底上施以朱色,再用墨描绘出云纹,色彩对比非常强烈。灯盘介于灯座和灯柱之间,它的外径为28厘米、内径为24厘米,高3厘米,盘中有一个直径为9厘米的圆孔,灯柱就直立于圆孔内。灯盘内外各有2条黑色,1条红色的宽线条纹饰。灯盘边沿上有8个专插乘龙羽人和曲枝灯盏的圆孔。乘龙羽人头戴冠帽,身穿红色短裤,坐在龙尾上。灯盘上的曲枝比较短,长仅16厘米,曲枝的一端为一个圆盘形的灯盏。

灯柱呈圆柱形,高49厘米、直径6厘米,灯柱中间有两层插曲枝的圆孔。每层有4个,与灯盘上的4个曲枝一共十二枝,有灯盏十二盏,加上灯柱顶端的一盏朱雀形圆灯盏,正好十三盏。朱雀形圆灯盏直径为16厘米,朱雀的头、翅、尾伸出盏外,朱雀口中含有一粒圆珠,朱雀的尾巴用黑红两色画出羽毛,朱雀灯盏内外均涂成朱色。整个灯柱驮在一只乌龟的背上。灯柱与灯座一样施上彩绘,白底上涂朱色,并且墨绘连弧纹等图案。灯柱上的曲枝比灯盘上的曲枝结构要复杂得多。灯柱上的第一层的曲枝长26厘米,第二层的曲枝长20厘米,曲枝在接近灯柱的部位端坐着一个穿着羽衣的仙人,头戴冠帽,身着红色短裤,两手

平伸，双腿踩在曲枝上，曲枝的另一端有一圆盘灯盏，灯盏口沿外侧有一圆孔，孔内插火焰形花饰，花饰高 7 厘米，灯盏下面的曲枝由柿蒂和卧蝉作装饰。

十三枝连枝陶灯上塑造的仙人和龙、虎、兔、豹、鹿、羊、朱雀、龟，在当时都被认为是神禽异兽，构成了墓主人神往的仙境。围绕着十三枝连枝陶灯的舞蹈俑、杂技俑、乐队俑构成了一个在华灯高照下乐队为舞蹈和杂技表演伴奏的欢乐场面。

十三枝连枝灯不仅有陶制的，也曾出土过十三枝连枝铜灯。1969 年，在甘肃武威的汉墓中出土过一盏十三枝连枝铜灯。这盏十三枝连枝铜灯造型新颖，制作精巧，整个灯具像一株长得非常高大的仙人掌，是汉代连枝铜灯中的精品。它高 112 厘米，是古代铜灯中的大型灯具。十三枝连枝铜灯由灯座、灯柱、灯托和灯盏四部分组成。

汉十三枝连枝铜灯

灯座为喇叭形圈底，似一只倒覆的碗，上面饰云兽纹，有吉祥之意。灯柱与一般的连盏灯柱不同，它由 3 片璧状叶片组成。灯柱共分 3 节 4 层。在璧状叶片的灯柱上镂成卷草纹饰，上有人、鹿及叶形图案的顶饰。在每节灯柱连接处有十字形灯托，灯托也与灯柱一样做成透雕鸾凤缠枝饰片。每节灯柱共有灯托 4 个，3 节共有 12 个灯托，上面托有 12 个灯盏。灯盏似碗形，外面饰一桃形火焰。在灯柱的顶端放一只较大的豆形灯盘。

十枝连枝灯

1976 年 6 月，在广西贵县罗泊湾的一座西汉初期的古墓中，出土的一盏十枝连枝铜灯，墓主人是身任武职的高级官吏。这具十枝连枝铜灯虽然造型简单朴素，制作却十分精致。

十枝连枝铜灯似一枝花树，灯高 85 厘米，属大型灯具之列。它由灯盘、灯树、灯枝、灯座等组成。十枝连枝铜灯共有 10 个灯盘，置于灯顶上的一只灯盘呈金鸟形，

西汉十枝连枝铜灯

形似一只停在树梢上休息的小鸟,它昂着头,两眼警惕地注视着周围的一切动静。另外的9只灯盘都呈心形,灯盘的中央有支钉,用来插灯炷。从灯树上向外伸出9根弯形的灯枝托着9只心形的灯盘,分成上、中、下三层,每层有3只灯盘。整个十枝连枝铜灯呈扶桑树形。扶桑是中国古代神话中的树木,传说日出其下。在《山海经·海外东经》中:"汤谷上有扶桑,十日所浴",意思是汤谷边上有一棵扶桑树,是十个太阳洗澡的地方。郭璞注:扶桑,木也。"[1]在《淮南子·天文》中有:"日出于旸谷,浴于咸池,拂于扶桑,是谓晨明"[2],意思是太阳从旸谷出来,在咸池沐浴以后,掠过扶桑树木,这时叫晨明。用扶桑木来作灯的造型,灯树为圆柱形,上细下粗,在灯树的末端呈倒置的宝瓶状。灯座为圆盘形。十枝连枝铜灯的结构十分巧妙,灯树、灯枝、金鸟形灯盘和心形灯盘都采用分别制造,然后用榫卯套扣合成一体。因为十枝连枝铜灯很高大,这样的结构便于拆卸和装配,便于制造、搬运和清洗。

九枝连枝灯

1956年,在河南陕县刘家渠的东汉墓中曾出土过一盏朱雀绿釉九枝陶灯,陶灯的装饰很华丽。朱雀绿釉九枝陶灯共分3节:下节为灯座,呈倒置的喇叭状,底边有一圈宽沿。在喇叭状的底座上,用凸弦纹作装饰,十分简朴。中节共分2层,每层均有一个形似带边沿的圆底陶盘和一个葫芦状的圆柱组成。下层的圆底陶盘置于灯座上,在它的边沿上有对称的4个小孔,孔中插有支承小灯盏的托架,托架的头上用柿蒂纹装饰。柿蒂纹有坚固的寓意,在陶器上很早就已应用。在柿蒂纹饰上有一只小灯盏。圆底陶盘的中央是一个葫芦形的圆柱,中间为空心,与底座直接相

---

[1] 二十二子·山海经[M]. 上海:上海古籍出版社,1992:1373.

[2] 二十二子·淮南子[M]. 上海:上海古籍出版社,1992:1218.

造型古怪的兽形灯　91

东汉朱雀绿釉九枝陶灯

通。葫芦形圆柱的装饰也十分简朴，只有几条凸弦纹饰。上层的圆底陶盘置于下层的葫芦形圆柱上，上面也插有4支灯盏托架，其结构与下面的没有什么两样，只是略小一点而已。在这一层的葫芦形圆柱上有一只朱雀。朱雀昂首，两眼注视着前方，翘着尾巴，展开双翅，背上驮着一只灯盏，似乎要飞向遥远的地方去。这盏陶灯装饰十分简单，但器型很高大，高为83厘米，也算是一具大型灯具。灯具通体施以绿釉。绿釉陶在东汉是普遍使用的一种陶器。

　　这种九枝连枝釉陶灯在两汉时期是十分流行的，近几十年来在两汉墓中已相继出土了多种九枝连枝釉陶灯，它们形态各异，装饰简繁不一。1964年，在江苏徐州十里铺的一座汉墓中出土的一盏兽首九枝连枝釉陶灯，它虽也是由灯座、灯柱、灯盏和曲枝等四部分组成，但它的造型要比上面介绍的朱雀绿釉九枝陶灯要简洁，装饰也不像朱雀九枝连枝灯那样繁文缛节。它的灯座像一只倒覆的盆子，圈足，装饰十分简单，两条简单的凸弦纹饰。灯座的直径约32.4厘米。在灯座的中央竖起一根灯柱，灯柱呈圆柱形，上细下粗，细的一头直径约4.3厘米，粗的一头直径约为13厘米，像一棵大树的主干。灯柱高53厘米（残高）。灯柱分3层，每层伸出3根曲枝，曲枝的顶端用兽首作装饰，3层曲枝顶上的兽首装饰各不相同，最高一层的曲枝顶上的兽首是羊首，中间一层曲枝顶上的兽首是龙首，最下一层的曲枝顶上的兽首是虎首，十分有趣。但不知为什么要用羊、龙、虎这三种兽来作装饰。曲枝上的兽首都施朱色，与灯的颜色形成鲜明的对比，十分醒目。三层曲枝的长度也不相同，最高一层曲枝的长度最短，长度为16厘米；中间一层曲枝的长度次之；最下一层曲枝的长度最长，长为20.8厘米。灯盏呈碗形，下面有一圆柱形的盏把。盏把长5.8厘米，它可插入兽首上的一个小圆孔中。灯盏

汉兽首九枝连枝釉陶灯

汉九枝连枝陶灯

的直径为8.7厘米,深为2.5厘米,一共有9个。

在此以前,河北和北京地区的两汉墓中也有这种九枝连枝釉陶灯出土。1955年,在河北石家庄市北宋村的汉墓中出土的一盏九枝连枝陶灯,外施绿釉,灯体相对来说要小一点,高约47.5厘米。它由灯柱、灯盏和曲枝等三部分组成。灯柱和灯座已连成一体。灯柱像一只喇叭,分成上下两层,每层伸出4枝曲枝,曲枝上有火焰形叶饰。火焰形叶饰是一种传统的寓意纹样。火焰在佛教中是佛法的象征。古代佛像的背后都有用火焰纹样作装饰。火焰形叶饰采用透雕,中间有柿蒂纹作装饰。在每一曲枝上有一只浅盘形的灯盏,另外在灯柱的顶上还有一只浅盘形灯盏,一共有9只灯盏。

三枝连枝灯

在连枝灯中,三枝连枝灯是灯枝最少的一种,这种连枝灯不仅造型最简易,而且装饰也十分简单。1956年,在河南陕县刘家渠的汉唐墓中出土一盏龙首三连枝红陶灯,非常有代表性。陕县在古代称陕州,是汉唐时中原的水陆交通咽喉,非常繁华。红陶龙首三连枝灯的造型像一只高足杯,分成灯盘和灯座两部分。灯盘为折唇平口沿,浅腹平底,口径为30.8厘米。灯座呈圆筒形高足座,在灯座的手把上镂有3个小孔,灯座仅用弦纹装饰,十分简单。灯座的口径较小。灯盘和灯座可以分离。在灯盘的边沿上有3个等距离的小圆孔,孔内各插喇叭形曲颈小灯盏一支,灯盏间又有3个圆孔,孔内各插飞龙1支。在龙身上绘有墨彩鳞片,作飞腾状。灯高约40.6厘米。

汉龙首三枝连枝红陶灯

1955年，在山东章丘县普集镇出土的三枝连枝陶灯的造型更简单，这盏灯高38厘米，由灯座、灯盏和曲枝三部分组成。灯座为喇叭形圈足，在灯座的中部伸出两枝曲枝，曲枝的顶端各连着灯盘，灯盘呈圆盘状，上面有一个火焰状的叶饰。另一个灯盘置于灯柱的顶端。造型和装饰都十分简朴。

三枝连枝灯不仅有陶制的，也有铜制的。1959年，在江苏南京的一座晋墓中出土了一盏三枝连枝铜灯，此灯要比陶制的三枝连枝灯高大，灯高约69厘米。它的造型与顾恺之画的《列女图》中

三枝连枝陶灯

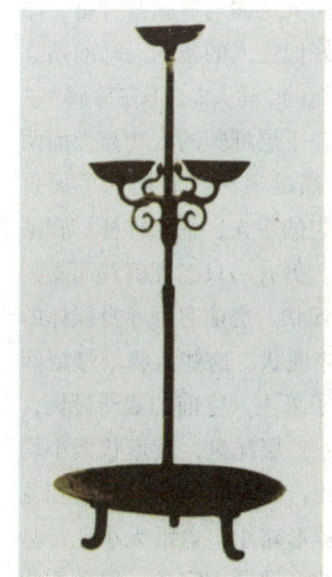

东晋三枝连枝铜灯

的灯具十分相似。灯座很大，一个铜制的大圆盘，盘下用3个脚做支承。铜盘的中央树起一根灯柱，灯柱底部有一个呈喇叭形的底座，细长的灯柱，在其中部伸出两枝很短的曲枝，在曲枝的顶端和灯柱的顶端各有一个灯盏。灯盏呈碗状。在曲枝的根部用云纹铜饰作装饰，有高升如意之意。此灯虽然造型简单，装饰朴实，但显得很庄重。

堆塑连枝陶灯

在天津市郊武清县一座汉墓中出土的一盏堆塑连枝陶灯，十分豪华，精致。这是因为墓主人东汉雁门太守鲜于璜，是汉朝的一位显贵，这件是随他陪葬的明器，制作得很好。

堆塑陶灯很高大，灯高有96厘米，由灯座、灯柱、灯盏和龙首饰物等组成。灯的整体造型为多盏托盘式。灯座形似一只喇叭，底大口小，灯座底的直径为38.8厘米，灯座高50.8厘米。灯座壁上用3条凸纹将它分成上、中、下三部分。

东汉堆塑连枝陶灯

每部分均有堆塑人物环绕：上层是一组官吏人物，中间有一只长凳，上面有一官吏盘膝安然而坐；右侧站立一个"门卒"似的人物，手执仗躬身侍立在一旁，左侧为两侍从，屈膝斜身而踞，面向"官吏"作恭请状。在"官吏"右侧还有一骑马人，正骑着马赶来向"官吏"报告什么。中层堆塑的人物都是骑马的武士，左右成对而立，骑者身佩武器，作勒缰扬鞭奔驰状。其中一匹身躯高大的骏马，鞍马齐备，昂首翘尾而立，好似主人的备马。马前站立着一个手牵缰绳的"马夫"，正在等候"主人"骑马出行。下层堆塑的人物与上面两层完全不同，都是生活在底层的平民百姓，有肩扛粮袋的甲夫，手拿杵杆、脚踏椿米杆的长工。另有一只老虎躬背而立，伸颈回首作咬痒状。虎前有一赤身裸体的人，头戴圆形高顶帽，双手放在背后，双膝跪地，作斗虎状。这些人物堆塑层间成组有别，神情姿态各异，形象极其生动、活泼，反映了墓主人生前的威严显贵，安逸享受人生的真实画面。灯柱由3层托盘组成。第一二层托盘，其形状大小均相同，为折沿，圆唇，平底。盘沿各有6个对称的穿孔，分隔间插曲形灯盏和龙首饰物。托盘中间有一豆形柱承托。最上一层托盘，器形略小，盘沿无小孔，盘内置一小口罐形柱，上面似乎应再托一鸟形大灯盏，此灯器形才完备。但现无此灯盏，或许是漏放了。

古朴素雅的豆灯

豆灯始见于战国，是由陶器和青铜器中的细把"豆"演变而成的。它是灯具中造型最简单，也是最为流行的一种。它可能也是出现最早，历史最悠久，流传时间最长的一种灯具，直至20世纪30~40年代，在我国农村使用的油灯，其造型与豆灯并无两样，可见它流传时间之长。豆灯一般由灯座、灯柄和灯盏等组成，结构十分简单。

豆铜灯

豆铜灯常为宫廷用灯具，灯上有铭文，如"长安下领宫"、"甘泉内者"等，在河北满城的西汉中山靖王刘胜夫妇墓中就出土了9件豆铜灯。

豆铜灯一般高在10~20厘米左右，少数也有高达30~40厘米的，被称作"高灯"。灯盘直径一般在一二十厘米之间，多数为浅盘，盘外有数道瓦纹作装饰，并逐渐收缩成底，或者盘壁作直壁状，平底，腹壁与底之间呈明显的直角折棱，盘外的壁上常刻有铭文，有的豆灯灯盘呈圆环凹槽形，下面用三叉托连在灯座上。灯盘的中央常立烛扦，有的在灯盘的边沿上伸出一叶形錾，用作持灯的把手。灯柱为细葫芦形或近似葫芦形，底座为喇叭形圈足。

在豆铜灯中，最华丽的一盏要数战国的错银菱纹豆铜灯。它高32.6厘米，灯盘直径为21.9厘米。铜灯通体用错银菱纹作装饰。菱纹是青铜器上常用的一种装饰纹样，它是以菱格作骨格，用"S"形横纹相联，中间填卷云纹。这种纹饰流行于战国时期。通体装饰错银菱纹，使铜灯显得十分华丽，很有点商周时彝器的风格。这盏铜灯的造型是典型的豆灯，分为灯盘、灯柱和灯座三部分。灯盘很大，但很浅，直壁，

战国错银菱纹豆铜灯

盘的中央有一支钉,用以插置灯炷。灯柱细长,给人一种纤细感。灯座是喇叭状的圈足。

一般的豆铜灯的外表装饰都比较简单,没有像这盏豆灯那样华丽。河北满城出土的一盏豆铜灯,自铭"棨锭"。其灯的造型与豆铜灯并无两样,只是灯下多了一个承盘。灯盏口径为9.5厘米,敞口,平沿折,平底,好似一只圆形的平底锅,手柄为叶形錾,从灯盏的一侧伸出。灯柱上部作成倒葫芦形,下面有一圈凸弦纹。灯盏底下有一插头,可插入灯柱中间,然后用铆钉将这两部分铆合在一起。灯盘的外壁上刻有铭文:"御铜棨锭一第田鹅。"灯柱下是一只承盘,口径为14.4厘米,宽沿,斜壁,平底。灯高11.4厘米。

汉豆铜灯

豆陶灯

豆陶灯多为平民百姓使用的灯具,或者是贵族官吏死后陪葬的明器,因此,造型一般都比较呆板,制作也比较粗糙,装饰也比较简单。

但也有装饰漂亮的,如广州汉墓中也出土过一盏东汉时期的豆陶灯,它的灯盏似一只饭碗,圆腹,外面刻划曲纹作装饰。灯柱做成八角形。灯座呈圈足形,上面也用刻划的曲纹作装饰,虽然装饰都很简单,但由于装饰很统一,所以显得很和谐。简单的曲线,有一种原始的风味,显得很古朴。

东汉豆陶灯

东吴陶豆灯

江西南昌出土的一盏东吴时期的豆陶灯,墓的

黄釉陶灯

主人为东吴的高荣,字万绶,原籍为沛国(郡)相县(今江苏徐州)人,死于232年~238年之间,属东吴早期,与两汉相距虽不太远,但灯的造型与两汉时期的豆陶灯有很大的不同。灯顶上的灯盏做成碗状,盏腹微微收缩,灯盏口径9.5厘米。灯柱不是圆柱形,而是呈喇叭状,喇叭的最大口径为12厘米,上面用三道瓦楞纹作装饰,灯柱的中腰上有一小圆孔。底部为平底。此灯高16.5厘米。灯体是灰泥硬胎,外施一层黑色釉陶。

到了唐朝,豆陶灯的形制有了大的变化,灯把变短,灯盏的口沿宽大。1976年,从云南大理的崇圣寺出土的一盏黄釉陶灯,可能是四川邛崃的邛窑产品。邛窑在唐朝是非常有名的。这盏黄釉陶灯的灯盏口很大,还有很宽大的边沿,边沿呈圆弧形,灯盏敛口圆腹,外面用凸弦和齿形的曲线作装饰。灯柱很短,灯座是一个喇叭形的圈足。灯体外施以黄色釉。

豆青瓷灯

两晋时期,青瓷已被广泛地用来制作日用器皿,灯具很多也是用青瓷制作的。在两晋墓中相继有许多青瓷灯具出土。

1972年,在浙江吴兴的一座西汉墓中出土的一盏青瓷灯,是西晋元康元年(300)前后的制品,由地处浙江的越窑烧制。越窑是我国著名的烧制青瓷的窑场,越窑的青瓷胎体坚硬,釉色莹润,纯净如翠。这盏青瓷灯的造型与一般的豆陶灯不同,不仅多了一个承盘,而且灯盏较大,灯柱较矮。此灯高13.2厘米,灯盘的口径为9.4厘米,有灯座、灯柱和灯盏三部分组成。灯座似一只盆子,敞口、收腹、宽沿、圈足,内壁用一圈凸弦作装饰。灯座中央的灯柱呈两头大,中间小,呈腰鼓形,外表

西汉青瓷灯

也用凸弦纹作装饰,与灯座上的装饰相一致。灯盏似碗形,放置在灯柱上。灯通体施茶绿色釉。这种灯的装饰虽然简单不华丽,但是很和谐。

陕西铜川曾出土过宋代耀州窑烧制的青瓷灯。耀州窑是宋代名耀,是北方青瓷的主要产区,与南方的青瓷主要产区越窑风格不同。耀州窑烧制的青瓷釉色青如橄榄,也有带微黄的,体表常用印花作装饰。这盏青瓷灯的造型与晋朝越窑的青瓷灯完全不同,无灯柱,灯盏的口沿很宽大,直口,表面刻印浮雕莲花瓣纹作装饰。灯盏下面就是灯的底座,为高圈足。灯体外挂青色釉,内壁和足底不挂釉。灯高8厘米,足高2.3厘米、直径4.5厘米,灯盏的口径为7.85厘米,口沿宽2.3厘米。

宋青瓷灯

白瓷灯

白瓷的出现是继青瓷之后的制瓷技术上的又一重大技术突破。白瓷是把不含金属氧化物呈色元素的釉料施于洁白细腻的胎体上,然后在高温窑中烧制而成的。烧制成的白瓷釉色白润光亮。烧制白瓷比青瓷要困难得多,必须白胎白釉,但在瓷土中普遍含有铁的成分,如果瓷土中的含铁量超过百分之一,烧制出来的瓷器胎体就呈灰白色,含铁量越多,瓷器胎体的颜色就越浓重。釉料中如含铁质,烧成后釉色就成青绿色。因此,要烧制胎、釉洁白的瓷器,必须把胎料和釉料中的铁质除去,并把它的含量控制在百分之一以下。白瓷最早出现于北齐,经隋、唐、宋、辽等朝的发展,到辽代,白瓷的烧制技术已十分完善了。宋代的五大名窑之一的定窑,以烧制白色素瓷而闻名。

唐代已有白瓷灯,到宋代

唐白瓷灯

造型古怪的兽形灯

已十分流行。

在陕西靖边县就曾出土过一盏唐代白瓷灯。它的灯体比较小，高仅5.5厘米，灯盏的直径也只有9厘米，是一种小型灯具，大概是用于书桌上的吧。但它的灯口口沿很宽大，浅腹，为喇叭形的圈足。在它的灯盏口的边沿上施有几点绿色的釉色作装饰。

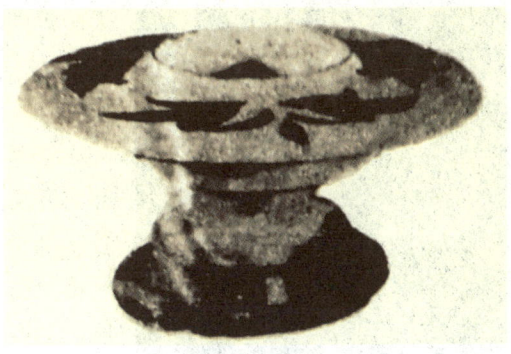

宋黑花纹白瓷灯

1963年，在河南鹤壁集瓷窑址中，发现一盏宋代绘有黑色花纹的白瓷灯。它的灯盏口沿也很宽大，但有点平折。在口沿上绘有黑色的花纹图案，底上施以白色釉，黑白分明，所以口沿上的花卉十分的显眼。灯盏的腹很浅，灯座为喇叭形的圈足，圈足以上部位都施以白色釉。这盏瓷灯的体形也不大，高为6.8厘米，直径5厘米。

辽墓中出土的白瓷灯，上部灯盏用刻花作装饰，造型朴素无华，器形矮胖，呈豆形（似高足盘子）。灯口为直口，口沿宽大，灯把很短，底座为喇叭形圈足，灯体高12.3厘米。白瓷灯的瓷化程度很高，胎体薄而釉均匀，表里两面全挂釉，釉色净亮，釉色呈乳白，是古代著名的定窑系统的佳作。

辽白瓷灯

定窑是宋代的五大名窑之一，位于河北曲阳县城北30千米处。在唐代时，当地就已盛产白瓷，在宋代又有了较大的发展，一直烧制至元代。唐代，定窑除烧制白瓷外，还烧制黄、绿、青、三彩等釉瓷，到了五代以后，以烧白瓷而闻名。在辽墓中出土的白瓷精品大多是定窑的产品。

宝珠覆盆莲瓷灯

1981年1月，从太原市的北齐娄睿墓中出土的宝珠覆盆莲瓷灯，造型优美、装饰华丽、制作精美，在出土的古代瓷灯中实属罕见。

宝珠覆盆莲瓷灯通体高大（达50.2厘米）而秀美。灯外施以黄绿釉，釉色晶莹，有冰裂纹。灯上装饰富丽庄严的仰莲、莲瓣、忍冬植物，以及联珠、宝珠、新月、

北齐宝珠覆盆莲瓷灯

太阳等图案。并采用模印、贴花和浮雕3种装饰手法,使灯上的花纹层次分明,具有强烈的立体感,很好的艺术装饰效果。

宝珠覆盆莲瓷灯由灯座、灯柄和灯碗等三部分组成,灯座与灯柄连成一体,灯碗可拆卸,独立自成一件。灯座的直径为20厘米,呈一只倒覆着的瓷碗,用贴花和刻花装饰成双层覆莲座,上饰宝珠和莲瓣,莲瓣肥厚,瓣尖微微向上翘起,立体感很强,沿座底装饰一周粗大的联珠。灯柄长28厘米,占全灯高度的五分之三。灯柄下装饰4组忍冬纹贴花,在忍冬纹之间有两个镂孔,是为了防止烧制过程中膨胀变形而加的雕饰。灯柄的中上部有一个凸出的圆棱,便于手拿取。灯柄的上部刻划出莲瓣,以承托灯碗。灯碗呈浅钵状,直径为18厘米,方唇略内敛,碗底饰仰莲一朵,碗腹装饰着丰满而肥厚的仰莲,仰莲捧着一圈联珠花纹,上面是一棵巨大的宝珠,宝珠周围绕着一周较小的联珠,外围是云纹。宝珠上面是尖端朝上的新月,新月捧着象征太阳的一个圆形突起,周边也是联珠环绕,这组图案的两侧是肥厚的忍冬。忍冬是一种缠绕植物,又称"金银花"、"金银藤"。因长服忍冬,可以延年益寿,忍冬作为装饰可能取其"益寿"之意。这种图案常作为佛教装饰。灯碗的口沿也有一周联珠纹,与灯座上的联珠纹正好上下对应。灯碗底呈凸出的尖插状,可插入灯柄上端的口内。

青玉灯

"玉"在《说文解字》中释为:"石之美。"[1]用玉制灯十分罕见,因为玉本身是一种极为名贵的东西,而灯是一种家庭常用的器具。除了要显示主人的地位高贵和富裕,是很少有人会用玉来制作灯具的。但是,在汉高祖(刘邦)初入咸阳宫时,库房中除了有金玉珍宝外,令人惊异的是一盏青玉五枝灯,灯高七尺五寸,作蟠螭(一种没有角的早期龙)状,以口衔灯,灯点亮后,蟠螭身上的鳞甲都会闪动,如闪闪发光的星星,照亮库房。玉灯在传世中是十分少见的。

[1]许慎.说文解字注[M].上海:上海古籍出版社,1988:10.

北京故宫博物院藏有一盏战国时期的传世的玉勾连云纹灯，是极为珍贵的极品。它通高 12.8 厘米，灯盘径 10.2 厘米，用新疆和田青玉制成，玉料局部有赭褐色浸痕。

玉勾连云纹灯造型为豆灯，典雅庄重，雕刻极其精细。全灯由灯盘、灯柱和灯座等三部分组成，是分别用 3 块玉料分体雕成后黏合成一体的。灯的上部是浅腹的灯盘，呈正圆形，盘面平滑，壁外侧遍饰一周勾连云纹，盘心凸起五瓣花形灯台，既是装饰，又是置软灯炷的小台；中间为葫芦形圆柱灯柱，上粗下细，中部带有三条线纹的束腰，上半部雕有三棱仰叶纹，下半部用勾连云纹作装饰；底座为覆喇叭形圆盘，座面雕琢五瓣柿蒂纹和勾连云纹，足底凹进，亦通饰勾连云纹。

战国玉勾连云纹灯

这件玉灯是现在所能见到先秦灯具中的精华之作，而留存至今的豆形玉灯，也仅此一件，堪称绝品，而豆灯则是后世一直盛行的灯，其形制也在之后的 2000 多年没什么变化，秦始皇陵出土有秦代豆铁灯，而西汉的豆灯，则存世更多。

实用简单的三足灯

三足造型在古代青铜器中是十分流行的一种形式,三足的器具放置起来比较稳固,即使在不平的地方也不容易倾翻。俗话说"三足鼎立",虽然,原意是三方如鼎足相峙并立,但也包含稳固的意思。青铜三足器具有煮饭菜的鼎、鬲,蒸饭的甗,盛饭菜的簋,饮酒的爵、斝、觚、盉,食器敦,盛放化妆用具的奁,温羹的镳斗等。在青铜灯具中,也有不少三足灯具。

西汉高足三足人形铜灯(铜灯由三个小人扛着)

三足鼎形灯

三足鼎形灯是从日用器皿鼎演化而成的。鼎是古代的一种食器,相当于现代的锅子,用于煮熟或盛放鱼肉的。鼎的形状一般是体圆、腹大,两耳对立于口上,下有三足,大腹以容物,三足架空以燃火。鼎还是一种礼器,相传夏禹收九州之金铸九鼎,以后鼎就作为传国的重器,也为追功记绩的礼器。鼎的三足以喻三公、宰辅重臣之位,三方峙之势。所以用鼎形制作灯具可以显示主人地位的显赫。三足鼎形灯就是依据它的形状制造而成的。这种灯具造型简朴,比较注重实用。在清代的《西清古鉴》一书中曾收录过两器,只是构造上略有不同。近几十年中曾出土过多件构造复杂,形制很别致的三足鼎形灯。可见,这种形制的灯具在我国古代也曾在一定程度上流行过。

1952年,在湖南长沙的一座西汉后期的墓中出土的一件三足鼎形灯,就是这类灯具中最典型的代表。它由灯座、灯盘、灯罩、灯盖等四部分组成。灯座形如一只鼎,直领圆腹、环底,座下有三足,作兽蹄状。灯座的直径为19.9厘米。从灯座的肩部伸出两根弯曲的圆管,与上面的灯盖相连。灯座内可盛水,灯点燃后,烟

造型古怪的兽形灯

西汉江都王墓出土的双管釭灯

灰从灯盖上的两根弯曲的圆管进入灯座内，将烟灰沉淀在水中，避免烟灰污染室内空气。灯盘的底部有圈足，可嵌入下面的灯座上。灯盘的直径为9.8厘米，周壁有两层，外壁较低，内壁较高，两壁之间构成一道凹槽，可让弧形灯罩在其中移动。在灯盘的外侧还有一扁平把柄。灯罩由2片大小一样的弧形薄板组成，每片的宽度大于半个圆周，2片灯罩一内一外插入灯盘的凹槽内，灯槽的外壁上有一钮环，用手拉住钮环，可以移动灯罩，以控制灯光的大小和照射角度。同时，灯罩还有挡风的作用。灯盖似一只倒放的平底钵，覆盖在灯罩上。

此灯高 32.5 厘米，重 9 斤 2 两。

此灯上有一行铭文："閩翁主铜釭鐎。""閩"是"闽"字的异体字，"釭"的原意是指车毂之孔。也有指宫室壁上带上的环状金属装饰物，因它的形状像"釭"，如《汉书·外戚传下》中的"壁带往往为黄金釭，函蓝田璧，明珠、翠羽饰之"[1]，就是指这种宫室壁上的环状金属装饰物；也有将它比作灯的，如南齐王融的《咏幔诗》中有："但愿置樽酒，兰釭当夜明"[2]，将它比作"灯"。但这里说的"釭"是指灯上的两根导烟管，它的形状就像车毂一样，呈环状。有这种导烟管的灯也叫釭灯。这盏灯因这段铭文而叫它"閩翁主铜釭鐎"。这是当年某王嫁女的嫁妆。

西汉三足鼎形带罩单管釭灯

---

[1] 班固，等. 二十五史(1)·汉书[M]. 上海：上海古籍出版社；上海书店，1986: 733.

[2] 王融，等. 先秦汉魏晋南北朝诗[M]. 北京：中华书局，1983: 1402.

1968年，在河北满城汉墓中出土的一只三足鼎形灯，灯座似一只铜鼎，中间是空心的，底下有三只蹄形足支撑灯座。"铜鼎"呈扁球形，直径为15.6厘米，"铜鼎"底为环底，圆鼓腹，腹部饰宽带凸弦纹一圈。"铜鼎"的口为小口。灯盘呈圈足形，直径略大于"铜鼎"，约为12.2厘米，恰好可放置在"鼎口"上。灯盘圆环呈凹槽形，槽宽0.7厘米，可插灯罩屏板，灯盘带一叶形长銎，可调节灯光的照度和照射方向。灯罩为2片弧形屏板，插置在灯盘的凹槽内。屏板对称，两小角各有一个小钮，便于推移屏板，可以达到随意调节的目的。灯盖形似覆钵，置于屏板上面，盖面饰以阴线柿蒂纹。从三足鼎肩上伸出一根管装烟道，与灯盖顶上的烟道相衔接。烟道又可作为灯的把手。在三足鼎中可以盛水。灯点燃后，产生的烟炱可通过烟道，经水过滤，烟炱沉于鼎内，以保持室内的清洁。这种灯具设计十分科学，反映了当时我国科技的先进水平。

1974年10月，在甘肃平凉庙庄的一座战国墓中出土的铜鼎形灯，高30.5厘米，与上面两盏鼎形灯在形制上有很大的不同，这可能是由于年代相隔较远的缘故。它要比上面介绍的鼎形灯出现得更早。此灯的外形完全似一个有盖的铜鼎，没有像汉代鼎形灯那样复杂。它由灯座和灯盘两部分组成。灯座就是它的"鼎身"，高16.7厘米，口径为12厘米，下有三足，足呈兽蹄状。灯盖就是它的"鼎盖"。

战国秦鼎形铜灯

在它的"鼎身"的双耳上侧有键槽，中贯铁柱，双键一端销于耳上，键中部弯曲成半圆，合之成圆环，扣住顶托，其两端上翘各为半圆，可合为上小下大的圆柱形。盖顶中心有一托，两头有两鸭头形扣锁。启用时，先旋盖，使扣锁离开双键，但开键启盖，将双键顶端合拢后，盖孔插入键顶，"鼎盖"反转竖起，"鼎盖"就成了灯的灯盘，在灯盘中可放油脂，用作点灯的燃料，在出土时，灯盘中的油脂燃料如泥状；灯不用时，下键合盖，紧扣鸭头锁，合口键极严。这种连接结构既简单，但又十分巧妙，并且十分可靠。这种鼎形灯的造型独特、设计巧妙，在我国古代灯具中十分罕见，带有明显的秦器风格。

三足陶瓷灯

三足灯除有铜制的三足灯外,也有陶制的、瓷制的三足灯。三足灯的流传时间也很长,从两汉一直至魏晋南北朝。

在我国南方城市广州,有一座汉墓中出土过一盏三足陶灯。这盏灯的造型很别致,下面的灯座是一只陶盘,盘内有三道凹弦纹,盘口有一圈平沿,盘腹向内收缩。盘中央放置一只灯盏,灯

汉三足陶灯

盏下面有一个三叉形的足,支撑着上面的灯盏。

1971年,在浙江余姚东晋墓中出土了一盏三足灯,由于在灯上有褐色的点彩,所以此灯就称为"褐色点彩三足灯"。灯高16.9厘米。它由灯座和灯柱、灯盏三部分组成。灯座是一只有三只兽形足的圆盆,盆口为平沿,盆腹向外凸出。盆中有一根粗短的灯柱,灯柱的顶端有两圈凸弦纹作装饰,上面放置一只灯盏。灯盏似一只圆底的碗。灯盏上有几道凸弦的装饰纹。

东晋褐色点彩三足陶灯

三足行灯

行灯,用现在的话来说就是可以用手提或手拿着在行走中照明的灯具。因此,这种灯具形体较小,重量较轻,便于携带。汉时的行灯,一般灯体的高度不超过10厘米,灯盘的直径也在10厘米左右,重量在二三斤左右。行灯一般还带有持

灯的扁錾。如在行灯下加一个承盘就叫拑灯。"拑"的意思是用手指取物,《说文解字》说:"取也。"[1] 在杜甫的《绝句漫兴九首》中有:"舍西柔桑叶可拑,江畔细麦复纤纤。"[2] 但在这里拑与行的意思相近,都是说它可以在行动中持之照明。这种灯的造型一般都比较简单,没有底座和灯柱,只是在灯盘的底下设三只脚,它的体形比较矮,所以也称为"短灯"。唐文学家韩愈曾写过一首短灯的诗,名叫《短灯檠歌》:

"长檠八尺空自长,短檠二尺便且光。黄帘绿幕朱户闭,风露气入秋堂凉。裁衣寄远泪眼暗,搔头频挑移近床。太学儒生东鲁客,二十辞家来射策。夜书细字缀语言,两目眵昏头雪白。此时提携当案前,看书到晓那得眠。一朝富贵还自恣,长檠高张照珠翠。吁嗟世事无不然,墙角君看短檠弃。"[3]

这首诗生动地描绘了使用灯具的主人随着社会地位的升高,灯具也从短灯变成了长灯。一个穷书生"短檠二尺便且光",在短灯下苦苦攻读。一旦功成名就,当了达官贵人了,"长檠高张照珠翠"。从这首诗中,我们也可知道,在那时候,一般老百姓家中主要用的是简单实用的短灯。只有达官贵人家中才用"长檠八尺"的宫灯。

行灯是汉代比较流行的一种灯具。据《小校经阁今文拓本》所录行灯的铭文记年有二年少府造,神爵元年(前61),五凤二年(前56),甘露二年(前

西汉楚王墓出土的明光宫铜行灯

---

[1] 许慎.说文解字注[M].上海:上海古籍出版社,1988:598.
[2] 杜甫,等.全唐诗[M].上海:上海古籍出版社,1986:555.
[3] 韩愈,等.全唐诗[M].上海:上海古籍出版社,1986:844.

西汉三足铜挂灯

52）、永光四年（前40）、建昭元年（前38）、建昭三年（前36）、建始二年（前31）等，这些年号都在西汉中晚期。

在河北满城的西汉墓中出土的一盏三足铜挂灯，有"挂灯"两字的铭文。它的造型虽然并不复杂，但制作相当精致，设计也十分合理。它由灯体、承盘和小勺三件组成。灯体与一般行灯没有什么两样。灯体直径为9.6厘米，高7厘米，敞口，直壁，浅腹，中心有支钉，平底，底下有三个蹄形足。在它的体壁的一侧上有一小嘴，作子口；嘴上有带活钮的小盖，小盖上安一个带环的小钮，打开小盖可以注油。在它的另一壁下方作一管状流，估计是用来穿捻点燃。在嘴、流之间的体壁上，伸出一菱形长錾，錾上有槽。在灯体上有一盘形盖，盖高1.8厘米，底径8.1厘米，侈口，平折沿，平底，口侧伸出一较小菱形方錾，刚好与灯体上的长錾的凹槽吻合。灯下有一只承盘，承盘作敞口，平折沿，下腹急收为小平底，承盘高2.4厘米，口径18.6厘米，底径7.7厘米，还配一把加油用的小勺。小勺为大口，小平底状，一侧有一个小流嘴，便于倒油。小勺的把手为龙首把，它的口径为6.6厘米，底径3.9厘米，高2.7厘米，勺把长7.1厘米。在灯体和承盘上分别有"挂锭"和"承槃"的铭文。全灯通体高7.5厘米。

在同一座汉墓中，还出土了一盏造型更简单的三足铜挂灯。它通高5.9厘米。灯体高4.4厘米，口径为11.8厘米，似一只带柄的敞口、直壁、浅腹的平底锅，锅底下有三只蹄形足。灯体的一侧有一叶形錾。灯体的外侧有14字的铭文："御铜

东汉铜行灯

拈锭一承盘俩中山内府第鹔。"鹔与鹅相同。鹅又叫鹔鹴，有的说它是一种水鸟，雁的一种，长颈绿身，羽毛很长，可做裘衣。也有人认为它是凤凰的别名。还有一种说法，它是传说中的一种西方神鸟。《说文解字》中有："鹔，鹔鹴也……五方神鸟也。东方发明，南方焦明，西方鹔鹴，北方幽昌，中央凤凰。"[1] 承盘高2.5厘米，口径为22.2厘米，也似一只敞口，外折沿，浅腹，下腹折收为小平底的平底锅。承盘的边沿很宽大，上面也有10个字的铭文："铜锭盘一中山内府第鹔。"根据灯体和承盘上的两条铭文来看，这盏拈灯应该有两只承盘，不知是在随葬时丢失了，还是在墓主人生前早已丢失了。因为根据这盏拈灯在灯盘的壁上已有数处修补过的痕迹来看，它是墓主人生前使用的东西，并且已使用了相当一段时间。在同一座西汉墓中出土两件形制相仿的拈灯，这表明了在西汉这种形制的拈灯是十分流行的。

拈灯如不带承盘就称"行灯"。这盏东汉时期的铜行灯，是在我国的南方城市广州的一座东汉古墓中出土的。它与拈灯的差别就是不带承盘，灯体上也没有灯把，但在它的灯体底下有一段空心的圆形铜管，可能是用来插制灯把的。平时放置在桌上使用时，可将它取下，当要作行灯使用时可将它插上，或者要将它作高灯使用时，也可将它插在灯柱上。灯体为一只浅圆盘，直壁，平底，高6厘米，口径为10.2厘米。灯体通体素面无装饰纹。灯体中央直立一灯炷，可以用来插蜡烛。灯体的下面有三只蹄形足，可用于放置在案桌上。因此，这种灯既可作为书灯，也可作为行灯。

奁形铜灯

奁是古代盛物的器具，如女子盛梳妆用品的盒子，男子盛放棋子的盒子。《南史·王彧传》中有："方与客棋思行争劫竟，敛子内奁毕"[2]，就是指盛棋子的小盒子。奁的形状有圆形、长方形或多边形，大多分层。

---

[1] 许慎.说文解字注[M].上海：上海古籍出版社，1988：149.

[2] 李延寿，等.二十五史·南史[M].上海：上海古籍出版社；上海书店，1988：2740.

造型古怪的兽形灯　109

　　奁形铜灯的造型似一只三足形的圆筒奁，奁下有承盘，奁盖中央开一小圆孔，插置一根小铜管，为奁中盛油、管中贯捻点燃用。因它的形状就像一只小型的带盖的奁，故名"奁形铜灯"。

　　1980年，在江苏邗江的汉墓中出土的一盏奁形灯，灯高11.5厘米。它由灯体和承盘两部分组成。灯体是一只圆筒形的带盖的小奁盒，奁盒下面有3只脚，脚呈兽蹄状。灯体下面有一只承盘，盘径11.2厘米。灯盖顶部中心有孔，插有一根小铜管，管内可以插灯芯，因此，这种奁灯是用灯油点燃，灯体用来盛油。灯通体鎏银。类似这种灯具在甘肃的武威也曾出土过。

汉奁形铜灯

其他形状的古灯

除了上面介绍的几类灯具外,还有许多形状各异的灯具。如莲花灯、高足灯、柱状铜灯、奁形铜灯、卮形铜灯、耳杯形铜灯、簋形铜灯、葫芦形陶灯、通花八角陶灯、褐斑青釉灯盏等,真是琳琅满目。

莲花烛台

唐白陶莲花灯

在灯的装饰和造型中,除了依据人物、动物、器具等外,还有按照花的形状作为灯的造型的,在众多灯型中,它也成为独秀一枝,受到人们的青睐。特别是在隋唐以后,佛教在中国流传,作为佛教标志的莲花更是用作器物上的装饰,同样也出现在灯具中,不仅在灯的装饰上采用莲花纹,而且在灯的造型上也采用莲花的形状制作灯具,出现莲花灯。特别在喜庆节日,莲花灯更有给人们一种"吉祥"的寓意。文人雅士也常用莲花灯作诗。元朝诗人谢宗可有一首咏《莲灯》的诗:

"万点芙蓉午夜芳,醉看疑是水云乡。兰缸照破西湖梦,火树烧残太液香。焰暖应愁擎夜雨,烬寒不为倒秋霜。元宵庭院东风晓,零落红衣绕画梁。"[1]

燃烛的灯具出现较晚,在两汉时期已有使用,但并不普遍,到两晋、南北朝时,烛灯逐渐普遍起来,成为灯具的一种形式,被人们广泛使用。在文学作品中也有不少写到烛灯的。

王筠的《咏蜡烛诗》诗中描述:"执烛引佳期,流影度单帷。朣胧别绣被,

---

[1] 谢宗可,等.四库文学总集选刊·元诗选(二)[M].上海:上海古籍出版社,1993:151.

依稀见蛾眉。荧明不足贵,燋烬岂为疑。所恐恩情改,照君寻履綦。"[1]

庾信在《对烛赋》中这样写道:"龙沙雁塞甲应寒,天山月没客衣单。灯前桁衣疑不亮,月下穿针觉最难。刺取灯花持桂烛,还却灯檠下烛盘。铸凤衔莲,图龙并眠。烬高疑数剪,心湿暂难然,铜荷承泪蜡,铁铗染浮烟。本知雪光能映纸,复讶灯花今得钱。莲帐寒檠窗拂曙,筠笼熏火香盈絮。傍垂细溜,上绕飞蛾。光清寒入,焰暗风过。楚人缨脱尽,燕君书误多。夜风吹,香气随。郁金苑,芙蓉池。秦皇辟恶不足道,汉武胡香何物奇?晓星没,芳芜歇,还持照夜游,讵减西园月!"[2]

在南北朝时,青瓷烛台十分流行。湖南出土的一件南朝莲花青瓷烛台,造型雅丽而庄重,十分少见。它由灯柱、灯盘和承盘三部分组成。承盘做成浅盆状,直壁,外壁用一条凹槽作装饰,盆底为矮足圈足,似一只倒覆的盆子。灯柱分为两部分,上半部分做成球形柱,下半部分做成喇叭状,外面覆有浮雕状的莲瓣,非常漂亮。在灯柱的顶上是灯盘,灯盘的造型与承盘十分相似,也是直壁,壁外用一道凹槽作装饰,只是它底下没有圈足。在灯盘的中央,有一圆形烛插,中间空心,可以插蜡烛。烛插的外面用凹凸纹装饰。整个灯烛的装饰虽然非常简单,但十分统一协调。灯高为17厘米。

1956年,在福州西门外的一座南朝的墓中出土的一盏莲花青瓷烛灯,它的造型十分奇异,好似一捧插在盆中的插花,煞是好看。它的底座是一只像碗一样的盘子,盘底是圈足。在盘的中央是灯柱,灯柱呈八角形,下粗上细。在灯柱下端的两侧各有一朵三瓣花;在灯柱的上端两侧各有一个圆环;灯柱的顶上有一乳状突出,似火焰一般。蜡烛穿过圆环,放置在三瓣花中。在灯柱的左右两边可以各放一支蜡烛。

这种莲花青瓷烛灯很有地方特色,在其他地方很少见到,只有在福建地

南朝青瓷黄釉莲花烛台

---

[1]王筠,等.先秦汉魏晋南北朝诗(下)[M].北京:中华书局,1983:2020.
[2]庾信,等.四库文学总集选刊·汉魏六朝百三家集(五)[M].上海:上海古籍出版社,1994:16.

区才有这种造型的莲花青瓷烛灯。福建的闽侯县出土的一盏莲花青瓷烛灯，造型大同小异，只是灯底的承盘造型有一点不同，为直壁式，盘底下无圈足，灯柱上装饰一只展翅欲飞的天鸡。天鸡是神话中天上的鸡，天鸡一鸣，天下的鸡皆鸣。福州出土的一盏烛灯除灯柱较粗外，其他均无两样。

在南北朝，莲花形烛台不仅有青瓷的，还有铜制的。在北朝，铜制莲花形烛台的造型还很有新意。山西寿阳县有一座北齐墓，墓主是北齐定州刺史太尉公顺阳王库狄回洛。从此墓中出土的一盏鎏金莲花铜烛台，不仅造型新颖，而且制作很精细。它由灯座、灯柱和灯盏三部分组成。灯的造型像在一只低矮的

南朝青瓷莲花烛台

案几上放置一盘插有莲花的插花。灯座就做成一只低矮的长方形案几。灯柱的底部呈倒覆的碗状，外面用浮雕莲花瓣做装饰。上面伸出2根弯枝和1根直枝，在2根弯枝的顶端各有一朵由三瓣花瓣组成的莲花，在莲花的中央有一个可用来插蜡烛的圆筒形烛插，好像是盛开的莲花的花芯。在1根直枝的顶端也有1只可以用来插蜡烛的圆筒形烛插。一共可以插3支蜡烛。灯通高13厘米，灯座长9.8厘米，宽4.5厘米。这盏烛台与降附北魏的西晋皇族司马金龙墓中的屏风漆画《灵公与吴公夫人》上画的烛台十分相似，可见这种烛台在北朝并不少见。

在唐朝，蜡烛的使用更为普遍，不仅许多灯具制作成用来点蜡烛的，而且在不少的文艺作品中，上至皇帝，下至文人

南朝青瓷莲花灯

墨客都有"咏烛"的诗篇。唐太宗的《咏烛》中写道："九龙蟠焰动，四照逐花生。即此流高殿，堪持待月明。"[1]

唐时，有名的诗人李峤也曾作有《烛》诗："兔月清光隐，龙盘画烛新。三星花入夜，四序玉调晨。浮炷依罗幌，吹香匝绮茵。若逢燕国相，持用举贤人。"[2]

再有，唐时另一位著名诗人郑谷作的《蜡烛》诗："仙漏迟迟出建章，宫帘不动透清光。金闺露白新裁诏，

北齐鎏金莲花铜烛台

画阁春红正试妆。泪滴杯盘何所恨，烬飘兰麝暗和香。多情更有分明处，照得歌尘下燕梁。"[3]

还有像"玉炉香，红蜡泪"，"春蚕到死丝方尽，蜡炬成灰泪始干"等名句。

可见在当时，蜡烛的应用已是相当的普遍。

莲瓣座白瓷烛台是唐代瓷烛台中的精品。1956年，在河南陕县刘家渠的唐墓中出土。这盏烛灯的造型十分优美，灯柱细长，束腰，饰瓦棱纹，上端承接碗状灯盘，在灯盘中央有一个圆筒形的烛插，用来插蜡烛。灯柱下面的灯座用浮雕莲瓣作装饰，显得十分高雅。灯高30.4厘米。通体施白釉，釉色洁白润泽，釉厚处呈淡青色。灯座的底下有墨书的"永"字。白瓷最早出现在北齐，由于烧制白瓷的釉料要很纯洁，

唐莲瓣座白瓷烛台

---

[1] 唐太宗，等.全唐诗[M].上海：上海古籍出版社，1986：24.
[2] 李峤，等.全唐诗[M].上海：上海古籍出版社，1986：173.
[3] 郑谷，等.全唐诗[M].上海：上海古籍出版社，1986：1699.

不能含有杂质,所以烧制难度相对来说要高一点。到唐朝,邢窑烧制的白瓷,胎、釉都很白净,这表明唐朝的白瓷烧制技术已趋成熟。

白覆轮高足灯

"白覆轮"是日本陶瓷界对我国唐宋古陶瓷中一类外施黑釉,内施或白釉或黑釉,口部外壁呈一白线的茶盏的称谓。白覆轮高足灯,就是这类茶盏状的高足灯具,制作年代在宋哲宗元祐年间(1086~1093)。

白覆轮高足灯从造型到釉色都十分考究,烧制技术也具有相当高的水平,被称为"河南天目"类型的黑釉瓷器中的典型器物。"天目釉"是指一种黑褐色釉和黑褐底色上呈现条状或斑点花纹的色釉。

宋白覆轮高足灯

白覆轮高足灯,高 14 厘米,通体施黑釉。黑釉是一种以铁作呈色剂的瓷釉,经氧化焰焙烧后,会呈纯黑色。灯盘直径为 16.5 厘米,盘沿很宽,四周下倾,盘口直径为 7 厘米,并施有一周酱黄色釉,灯盘的外沿施一圈白釉。灯腹和灯盘的黑釉上还滴洒有青色釉经窑变后,釉色会呈黑里透青,光亮晶莹。窑变是在坯体上,先后几次深施含有不同金属呈色剂,并有不同流动性的釉浆,入窑以后,经高温还原焰焙烧,几种呈色元素相互浸润,形成斑驳灿烂的釉面。窑变釉是一种变化最多、色彩最丰富、形态最复杂的瓷器艺术装饰釉,它始于宋朝。白覆轮高足灯灯座为喇叭形圈足,在圈足外有一周刀削痕,露出灰白色胎质。圈足上饰有六道凸线,上面施有酱黄色釉,显得层次分明,立体感很强。

卮形铜灯

卮(读"zhī")是古代的一种圆桶形的酒具。卮灯的造型就像一只卮,带盖的直筒形杯子,盖上翻,即为灯盘,中心立烛钎。在河北满城西汉墓中出土的一对卮灯,其造型作带盖直筒杯子形,杯作子口,平底,上腹部有菱形带环鋬。口沿饰

造型古怪的兽形灯 115

西汉铜卮灯

窄带纹一周，腹部隆起宽带纹一道，带上施瓦纹 2 周，盖似覆盘，使用时，把盖上翻，即为灯盘。灯盘为直口，底部作假圈足，恰好纳入杯口中。灯盘中央有一根烛钎，用以插烛。壁侧伸出一菱形錾，錾的两面有槽，槽的大小与杯身的菱形錾相仿。把灯盘覆盖在杯上，盘錾即套合在杯錾上，起到固定作用。在杯、盖（灯盘）上均有铭文。杯上的铭文是："御拥卮锭一中山府第鹄。""鹄"又称"鹄鸰"，布谷鸟。盖上的铭文是："卮锭第鸣"。"鸣"字即古"鸿"字（大鸟）。卮灯高 10.6 厘米，口径 7.1 厘米，盖高 1.7 厘米。

耳杯形铜灯

耳杯是汉代流行的一种饮酒器皿，造型作椭圆形，两侧各附一半耳形的端手。耳杯形铜灯的造型与耳杯十分相似，并且都是用铜制的，只是在耳杯器形上加一蓬形盖，盖的一半揭开，翻转在另一半之上，以活轴相连。因此，活轴与辘轳十分接近，所以这种灯也叫"辘轳灯"。翻上去的半个盖就是灯盘，盘内侧有一小流嘴，以便于倒油。

耳杯形铜灯主要流行于东汉时期，并一直沿用至晋代。在我国考古发掘中，曾多次出土过这种造型的灯具。1965 年，在安徽寿阳县的东汉墓中出土的一盏耳

四足耳杯形铜灯

杯形铜灯，它的外形似一个椭圆形的小盒子，盒长 12.5 厘米，盒腹宽 7.1 厘米，盒深 4.5 厘米。在盒子的两侧有 2 只用来端盒子的耳形手柄，手柄长 6.4 厘米，宽 1.7 厘米。在盒上有一只盖子，盖子分成两半，一半与下面的盒身连在一起，一半可以揭开，中间用一活轴将两半连成一体，在盖的前后两半上各有一个立钮，钮中有一个小圆环，用手拉着小圆环，就可将揭开的一半的盒盖向上翻起，这一半盒盖就成了耳杯形铜灯的灯盏，在它上面有一根烛钎，可以插蜡烛。在盖上还有一个流嘴，点燃耳杯形铜灯上的蜡烛，从蜡烛上熔融的烛泪汇流在盖内，当烛泪在盒盖内积存太多时，熔融的烛泪会从盒盖上的流嘴中流出，积存在下面的盒身中；灯不用时，熄灭烛火，将盒盖翻转，与盒身合上，积存在盒盖上的烛泪也会通过流嘴流入下面的盒身中。这样从点燃蜡烛上流下来的烛泪就不会滴在灯外，弄脏灯周围的地方。这种设计十分科学合理。在盒子的盒身和盒盖上都用三角形和龙形花纹作装饰，显得十分华贵。在盖子的前端还刻有"子孙吉"3个篆体的铭纹，这是为子孙讨吉利。由于这种灯具在不用时，它的外形很像一只椭圆形的小盒子，所以它也叫盒子灯。

在广州的一座东汉墓中出土的一盏耳杯形铜灯与上面介绍的大体相仿，只是灯的外形装饰更为华丽漂亮。在耳杯形铜灯的灯盖上，镂刻有龙凤图案，前半边刻有 2 条龙，后半边刻有 2 只凤，两相相对；在两龙与两凤之间，刻有羽状和叶状纹饰。灯的两耳也用羽纹作装饰。1970 年，在甘肃敦煌的晋墓中，也有耳杯形铜灯发现，其造型与东汉时期的耳杯形铜灯大致相仿。但在灯盖、灯盏、灯座上开有一个穿孔的乳状突，可以穿绳子将灯悬挂在空中，作吊灯用。

簋形铜灯

簋是古代人用的一种青铜食器，主要是用作盛黍、稷、稻、粱的器皿。但簋

战国中期簋形铜灯

不是一般人都能使用的器皿,它是奴隶社会中标志贵族等级高低的器物。簋多见于商周时,到战国已很少见。簋的造型像一只大碗,侈口,圆腹,圈足,两边有两只耳朵。早期的簋都没有簋盖,西周以后出现的簋都带盖。簋形铜灯就是根据簋的造型制作的灯具。

  1976年,在河北平山一座战国墓中出土的一盏簋形铜灯。此墓的主人是战国的中山国王䰾。簋形铜灯的造型似同一只带盖的簋,外形呈圆形,圈足座,器身及器盖饰凹弦纹。它高15.2厘米,直径20.6厘米。簋形铜灯盖的一边用铰链与簋口相连,盖顶上有一根可以折动的短柱,柱端有一只贯环,可提环将盖揭开,盖顶上的短柱就成了簋盖的支柱,使灯盘平稳牢固,簋盖便成了灯的灯盏,在它上面有烛钎,可以用来插蜡烛或用麻杆束成的捻子,点燃照明。在簋身口与装铰链相对的一侧有一个铺首衔环。簋盖和簋身均用瓦纹作装饰朴素无华。这种灯的设计很巧妙,将簋上的盖子打开,就成一盏灯;不用时,只要将簋盖与簋身合拢,将支柱横倒,其环和铺首衔环正好相合,可挂可系,携带十分方便。

葫芦形陶灯

  葫芦是一种植物,它的形状似两个重叠的圆球,可以用它来制作碗、盆、瓶、壶、盒、罐、炉等日用品,用于装药、盛烟或饲虫。

  在中国传统文化中,葫芦是一种吉祥物,深得老人小孩的喜爱,人们常常将

清葫芦形陶灯

它挂在门口用来避邪、招宝。葫芦的枝"蔓"的谐音"万",有众多的意思。在每个成熟的葫芦里葫芦籽众多,就使人们联想到"子孙万代,繁茂吉祥";葫芦谐音"护禄"、"福禄",十分吉利。葫芦的形状似两个圆球,象征着和谐美满,寓意着夫妻互敬互爱。

在瓷器中常用它的造型制作器皿,如葫芦瓶、葫芦壶等。这盏葫芦形陶灯是清代广东石湾窑烧制的。石湾窑是明清著名的民窑。此灯的胎体为灰白色,胎外分涂各种釉色。葫芦形陶灯体外施黄色釉,顶上的花形灯盏施白色釉,灯盏下的枝叶施绿色釉,灯座上的一只小葫芦施以蓝色釉,一只栖息在枝叶上的小鸟施以深蓝色釉。整个灯的造型、装饰手法以及施釉的颜色等,完全是清代绘画的风格。

褐斑青釉灯盏

唐褐斑青釉灯盏,可能是古代灯具中最为简单的一种,它没有灯柱,也没有灯座,只有一只灯盏。

这盏褐斑青釉灯盏,是20世纪50年代在湖南长沙的唐朝铜官窑旧址中出土的。它的形状像一只盘子,高3.3厘米,直径11.3厘米。在灯盏内侧的一边有一个环状的提手。灯盏整体施以青釉,在灯盏的边沿和底上用褐色的斑纹作装饰。这种在青釉的底下用褐色或绿色斑点作装饰的手法,是由铜官窑首创,称作"釉下彩"。这种釉下彩由于是在未烧制的坯体上施彩色,然后盖上透明釉,再在

唐褐斑青釉灯盏

高温中烧制，因此，表面光亮、柔和、平滑，装饰的花纹不凸出，同时由于有釉的保护，颜色不会脱落。

唐青釉灯盏

唐代的一盏青釉灯盏，它的造型与上面介绍的青釉褐斑灯盏差不多，只不过它的提手做成绳纽状，绳纽的一端与灯盏的边沿相连，另一端一分为二，与灯盏的底部相连。此灯盏也是由长沙铜官窑烧制的，灯高3.4厘米，直径为10.3厘米。